U0184624

格致方法·定量研究系列 吴晓刚 主编

对数线性模型

[美] 戴维·诺克(David Knoke)
彼得·J.伯克(Peter J.Burke) 著
盛智明 译

SAGE Publications, Inc.

格致出版社 上海人民出版社

出版说明

由香港科技大学社会科学部吴晓刚教授主编的“格致方法·定量研究系列”丛书，精选了世界著名的 SAGE 出版社定量社会科学研究丛书，翻译成中文，起初集结成八册，于 2011 年出版。这套丛书自出版以来，受到广大读者特别是年轻一代社会科学工作者的热烈欢迎。为了给广大读者提供更多的方便和选择，该丛书经过修订和校正，于 2012 年以单行本的形式再次出版发行，共 37 本。我们衷心感谢广大读者的支持和建议。

随着与 SAGE 出版社合作的进一步深化，我们又从丛书中精选了三十多个品种，译成中文，以飨读者。丛书新增品种涵盖了更多的定量研究方法。我们希望本丛书单行本的继续出版能为推动国内社会科学定量研究的教学和研究作出一点贡献。

总 序

2003年，我赴港工作，在香港科技大学社会科学部教授研究生的两门核心定量方法课程。香港科技大学社会科学部自创建以来，非常重视社会科学研究方法论的训练。我开设的第一门课"社会科学里的统计学"(Statistics for Social Science)为所有研究型硕士生和博士生的必修课，而第二门课"社会科学中的定量分析"为博士生的必修课(事实上，大部分硕士生在修完第一门课后都会继续选修第二门课)。我在讲授这两门课的时候，根据社会科学研究生的数理基础比较薄弱的特点，尽量避免复杂的数学公式推导，而用具体的例子，结合语言和图形，帮助学生理解统计的基本概念和模型。课程的重点放在如何应用定量分析模型研究社会实际问题上，即社会研究者主要为定量统计方法的"消费者"而非"生产者"。作为"消费者"，学完这些课程后，我们一方面能够读懂、欣赏和评价别人在同行评议的刊物上发表的定量研究的文章；另一方面，也能在自己的研究中运用这些成熟的方法论技术。

上述两门课的内容，尽管在线性回归模型的内容上有少量重复，但各有侧重。“社会科学里的统计学”从介绍最基本的社会研究方法论和统计学原理开始，到多元线性回归模型结束，内容涵盖了描述性统计的基本方法、统计推论的原理、假设检验、列联表分析、方差和协方差分析、简单线性回归模型、多元线性回归模型，以及线性回归模型的假设和模型诊断。“社会科学中的定量分析”则介绍在经典线性回归模型的假设不成立的情况下的一些模型和方法，将重点放在因变量为定类数据的分析模型上，包括两分类的 logistic 回归模型、多分类 logistic 回归模型、定序 logistic 回归模型、条件 logistic 回归模型、多维列联表的对数线性和对数乘积模型、有关删节数据的模型、纵贯数据的分析模型，包括追踪研究和事件史的分析方法。这些模型在社会科学研究中有着更加广泛的应用。

修读过这些课程的香港科技大学的研究生，一直鼓励和支持我将两门课的讲稿结集出版，并帮助我将原来的英文课程讲稿译成了中文。但是，由于种种原因，这两本书拖了多年还没有完成。世界著名的出版社 SAGE 的“定量社会科学研究”丛书闻名遐迩，每本书都写得通俗易懂，与我的教学理念是相通的。当格致出版社向我提出从这套丛书中精选一批翻译，以飨中文读者时，我非常支持这个想法，因为这从某种程度上弥补了我的教科书未能出版的遗憾。

翻译是一件吃力不讨好的事。不但要有对中英文两种语言的精准把握能力，还要有对实质内容有较深的理解能力，而这套丛书涵盖的又恰恰是社会科学中技术性非常强的内容，只有语言能力是远远不能胜任的。在短短的一年时间里，我们组织了来自中国内地及香港、台湾地区的二十几位研究生参与了这项工程，他们当时大部分是香港科技大学的硕士和博士研究生，受过严格的社会科学统计方法的训练，也有来自美国等地对定量研究感兴趣的博士研究生。他们是香港科技大学社会科学部博士研究生蒋勤、李骏、盛智明、叶华、张卓妮、郑冰岛，硕士研究生贺光烨、李兰、林毓玲、肖东亮、辛济云、於嘉、余珊珊，应用社会经济研究中心研究员李俊秀；香港大学教育学院博士研究生洪岩璧；北京大学社会学系博士研究生李丁、赵亮员；中国人民大学人口学系讲师巫锡炜；中国台湾"中央"研究院社会学所助理研究员林宗弘；南京师范大学心理学系副教授陈陈；美国北卡罗来纳大学教堂山分校社会学系博士候选人姜念涛；美国加州大学洛杉矶分校社会学系博士研究生宋曦；哈佛大学社会学系博士研究生郭茂灿和周韵。

参与这项工作的许多译者目前都已经毕业，大多成为中国内地以及香港、台湾等地区高校和研究机构定量社会科学方法教学和研究的骨干。不少译者反映，翻译工作本身也是他们学习相关定量方法的有效途径。鉴于此，当格致出版社和 SAGE 出版社决定在"格致方法 · 定量研究系列"丛书中推出另外一批新品种时，香港科技大学社会科学部的研究生仍然是主要力量。特别值得一提的是，香港科技大学应用社会经济研究中心与上海大学社会学院自 2012 年夏季开始，在上海(夏季)和广州南沙(冬季)联合举办"应用社会科学研究方法研修班"，至今已经成功举办三届。研修课程设计体现"化整为零、循序渐进、中文教学、学以致用"的方针，吸引了一大批有志于从事定量社会科学研究的博士生和青年学者。他们中的不少人也参与了翻译和校对的工作。他们在繁忙的学习和研究之余，历经近两年的时间，完成了三十多本新书的翻译任务，使得“格致方法 · 定量研究系列”丛书更加丰富和完善。他们是：东南大学社会学系副教授洪岩璧，香港科技大学社会科学部博士研究生贺光烨、李忠路、王佳、王彦蓉、许多多，硕士研究生范新光、缪佳、武玲蔚、臧晓露、曾东林，原硕士研究生李兰，密歇根大学社会学系博士研究生王骁，纽约大学社会学系博士研究生温芳琪，牛津大学社会学系研究生周穆之，上海大学社会学院博士研究生陈伟等。

陈伟、范新光、贺光烨、洪岩璧、李忠路、缪佳、王佳、武玲蔚、许多多、曾东林、周穆之，以及香港科技大学社会科学部硕士研究生陈佳莹，上海大学社会学院硕士研究生梁海祥还协助主编做了大量的审校工作。格致出版社编辑高璇不遗余力地推动本丛书的继续出版，并且在这个过程中表现出极大的耐心和高度的专业精神。对他们付出的劳动，我在此致以诚挚的谢意。当然，每本书因本身内容和译者的行文风格有所差异，校对未免挂一漏万，术语的标准译法方面还有很大的改进空间。我们欢迎广大读者提出建设性的批评和建议，以便再版时修订。

我们希望本丛书的持续出版，能为进一步提升国内社会科学定量教学和研究水平作出一点贡献。

吴晓刚

于香港九龙清水湾

目 录

序

戴维·诺克和彼得·J. 伯克撰写的这本《对数线性模型》对我们助益良多。最近几年,在社会科学研究的大多数领域,涌现出了大量依靠各种技术对类别或名义变量进行多元分析的文章。但是,绝大多数从事实践工作的社会科学家都对这些技术感到困惑,因为这些术语通常并不为人所熟悉,而且看似与相关和回归分析中那些众所周知的概念无甚关联。如果你正被那些含有诸如优比、边际发生比或条件发生比、一般对数线性模型、饱和或非饱和模型、效应参数等类似术语的文章所困扰,阅读此书将对你大有裨益。诺克和伯克从头开始,为我们介绍、界定、讨论,并用大量的例子来澄清这些术语的含义。在这一过程中,他们将这些神秘的概念变得易于理解,即使对于大多数门外汉而言也是如此。

诺克和伯克讨论了一般对数线性模型,这一模型并不区分自变量和因变量,而是通过分析单元格的期望频数来检验类别变量间的关系;他们也讨论了 logit 模型,这一模型通过分析作为自变量函数的因变量的期望发生比来检验自变量与因变量之间的关系。他们从处理二分变量的方法开始讨论，然后逐步形成一个处理多类别变量的方法。

本书使用了大量的例子，大部分来源于政治社会学。本书中被扩展的例子包括讨论在控制了种族和教育后，自愿性社团组织成员身份与选举投票率之间的关系；对美国公民自由态度的人口决定因素的因果分析；对党派认同与1972年和1976年总统选举之间关系的截面分析的比较研究；对从1956年到1960年之间的固定样本追踪研究中党派认同与宗教关系的检验；对宗教与堕胎态度之间关系的分析；对代际职业流动的考察以及其他一些例子。每个例子都阐明了对数线性模型的具体运用，比如，用作因果模型的模拟、进行时间序列分析、同步检验多个类别自变量对一个类别因变量的影响，等等。由于诺克和伯克毫不吝啬地使用了许多不同数据库的例子，读者们不仅可以对有关对数线性模型的设计和检验的基本概念有所了解，同时也可以培养一种对这些模型的广泛适用范围的良好判断力。很显然，对数线性模型有着更为宽广的应用范围，虽然近些年对数线性模型或许已经在最大程度上在社会学中“流行”起来，但毫无疑问在接下来的10年里，它将在政治学、经济学、人类学、大众传播和其他领域中成为一个更加重要的工具。它甚至可能促进心理学和教育测试中的方差分析技术的长足发展。

很明显，诺克和伯克是对数线性模型的热情拥趸，虽然他们希望不仅可以阐释这个模型，而且可以将它发扬光大，但是他们也承认这一模型的一些不足，并在本书中涵盖了一些与这些建模技术的应用有关的具体问题以及不太明确的实质性问题。他们在合适的阶段对自己的陈述做了一个很好的总结。在总结中，他们讨论了对数线性模型运用中的具体问题，这些问题是所有希望有效使用这些模型的人所必须面对的。

尽管一些材料比较难懂，需要认真细致地学习，尤其是对那些统计初学者而言更是如此，但我完全相信，诺克和伯克在本书中的清晰阐述将使此书能够被广泛接受。对数线性模型是一个很难阐述清楚的题目，而本书则是最好的对数线性模型教学材料之一。

约翰·L. 沙利文

第1章

交互表中的关系

我们将通过对自愿性社团成员身份与投票参与率之间关系的一个详细分析来展现对数线性模型的基本原理。这个真实问题来源于研究民主参与的政治社会学。多年以来，研究者已经认识到，自愿性社团组织的成员更有可能参与政治活动，诸如就社区问题与公共官员沟通等(Verba & Nie, 1972; Olsen, 1972)。但是，一些问题依然存在：自愿性社团成员身份与参与投票这个相关关系是不是社会地位的虚假结果？因为社会地位与这两个变量都正相关。当控制了社团参与程度与社会地位之后，白人和黑人在政治行为上是否仍然存在差异(Thomson & Knoke, 1980)？

为了检验这些假设，我们选用了 1977 年综合社会调查的数据，这个非机构性调查有 1530 个成年人(18 岁及以上)的全国样本，是在国家科学基金的资助下，由詹姆士·A. 戴维斯(James A. Davis)领导的芝加哥全国民意研究中心每年进行一次(现在为每两年一次)。"选举参与"(V)指的是调查对象是否参加了 1976 年的选举(不具备选举资格者被排除)。"自愿性社团组织的成员身份"(M)就是调查对象属于所列出的 16 种社团组织的数量，但排除了教会成员身份(Knoke & Thomson, 1977)。我们将那些不属于任何组织的人与那些具有一个或更多组织成员身份的人做对比。种族(R)也是一个二分变量，分为白人和非白人(大多数为黑人)。最后，将教育(E)重新编码为三大类别：高中毕业以下、高中毕业、有大学经历并包含大学毕业及以上。最终，我们将分析这个四维交互表中的关系，但在刚开始时，我们集中分析成员身份—投票参与间的关系，将后一个变量界定为依赖于或取决于前一个变量。后面的例子将会处理多类别变量以及讨论将变量合并为更少类别时的风险。

确定两个类别变量间关系或相关的传统方法是计算自变量中各类别的百分比，并比较这些百分比。如果变量各类别间的百分比差异显著(使用一般的卡方独立性检验)，那就表明存在相关关系。相关关系的形式——单调、线性或非线性的——取决于交互表单元格中百分比的分布模式(Reynolds, 1977)。在表1.1中，没有组织成员身份的人中有54%参加了投票，而在有一个或更多成员身份的人中则有75%参加。在自愿性社团组织中，有成员身份的人比没有成员身份的人在投票参与率上高了21个百分点。这张表的卡方检验值为67.7，表明在这两个变量之间存在着统计上显著的($p<0.001$)相关关系。

表1.1 选举参与和组织成员身份交互表

		成员身份(M)		
		一个或更多	没有	合计
投票参与(V)	投票	$f_{11}=689$	$f_{12}=298$	$f_{1.}=987$
	没有投票	$f_{21}=232$	$f_{22}=254$	$f_{2.}=486$
	合计	$f_{.1}=921$	$f_{.2}=552$	$f_{..}=1473$

为了运用对数线性模型，我们首先必须重新概念化因变量。发生比将代替比例——单元格频数除以类别总数——

成为有待解释的方差的基本形式。我们最熟悉的关于发生比的例子来自赛马和其他形式的赌博。发生比就是属于某一类别的频数与不属于这一类别频数的比率。它能被解释为一个随机选取的个体被观察到属于一个我们关注的类别而不是另一个类别的机会。例如,在表 1.1 中,一个人在 1976 年总统选举中投票的发生比是 987/486 = 2.03,或者大约为 2∶1(注意,这里可能出现了一些自我报告时的夸大,因为潜在投票者的实际投票率大概为 55%,只有 1.22 的发生比)。

刚才计算出的发生比是一个边际发生比,只应用了表中一边的总频数而没有考虑任何其他变量的影响。我们也可以计算表中的条件发生比,它对应于条件频数。条件发生比就是在所给出的一个组织成员身份的特定层次上,参加投票相对于不参加投票的机会。就表 1.1 而言,在非组织成员中,投票的发生比是 1.17,而在组织成员中,投票的发生比为 2.97。因此,社团成员投票的发生比要比无社团成员身份的人的投票发生比大 2.5 倍多。

要注意的是,如果"没有投票"单元格中的频数为 0,那么发生比就不能被界定。因为整数被 0 除是没有意义的。因此,许多分析者过去在进行对数线性分析之前,都习惯性地在每个单元格上加 0.5。这种做法的适当性有待商榷。在本书中,我们的数据不需要做任何这样的调整。

在一张传统的百分比表中,如果自变量在所有层次上的百分比都相等或非常接近,那么这两个变量就是不相关的。同样,在一张发生比表中,如果所有的条件发生比都彼此相等或接近,并且也都等于边际发生比,变量之间就是不相关的。实质上,也就是说,不管一个人的社会参与情况如何,他/她参与投票的机会都将是均等的。

为了直接比较两个条件发生比，我们可以用第一个条件发生比除以第二个条件发生比，生成一个单一的统计值，这就是优比。优比是对数线性模型的主要工具，我们有必要花费一些时间来探讨它的特性和解释。为了明白优比到底是什么，我们从构成条件发生比的最初频数开始：

$$\text{观测优比(VM)} = (f_{11}/f_{21})/(f_{12}/f_{22})$$

通过简化，对于一个 2×2 交互表，上面的公式就变成熟悉的交叉相乘比：

$$\text{发生比(VM)} = (f_{11})(f_{22})/(f_{21})(f_{12})$$

要注意的是，对 2×2 交互表相关关系的传统测量方法，尤尔 Q 系数是优比的一个简单函数：

$$\text{尤尔 Q 系数} = \frac{\text{优比} - 1}{\text{优比} + 1} = \frac{(f_{11})(f_{22}) - (f_{12})(f_{21})}{(f_{11})(f_{22}) + (f_{12})(f_{21})}$$

虽然尤尔 Q 系数的值域范围是从 −1.00 到 1.00，其中，0 表示没有相关关系，但优比只可取正值，没有上限，当不存在相关关系时为 1.00(比如，两个条件发生比相等)。优比大于 1.00 表明变量间的正相关，而优比小于 1.00 表明变量间的逆相关。当然，当变量只是在名义层次上被测量时，共变的“方向”是任意的，因为变量类别的次序能够被改变。在我们的例子中，投票和属于组织被认为比不投票或不属于任何组织具有“更高”的数值。因此，观测优比(VM)为 2.53，表明变量间的正相关，与组织有隶属关系的人的投票发生比比那些没有组织成员身份的人的投票发生比多了 2.5倍多。

第2章

对数线性模型

第1节 | 设定模型

一个模型——在我们所使用的这个术语的本来意义上——就是一个对列联表单元格期望频数(F_{ij})的陈述,而单元格期望频数是呈现类别变量所描述的特征以及它们彼此关系的参数的函数。这些参数与上面讨论的发生比和优比有关,我们将做简要阐述。在评估一个模型如何很好地“解释”或拟合数据时,我们主要关注模型的期望频数(F_{ij})在多大程度上近似于实际观测频数(f_{ij})。在第3章中,我们将思考如何评估模型对数据的拟合优度,但在这之前,我们必须首先阐述一些能够生成期望频数的方法和技术。

目前主要有两种方法可以将列联表数据对数线性模型化:(1)一般对数线性模型,这种模型不区分因变量和自变量。所有的变量都被同等地当成“响应变量”来考察它们之间的相互关系。在一般对数线性模型里,有待分析的标准是单元格期望频数(F_{ij}),它是模型中所有变量的函数。我们将首先阐述这种方法,因为它是第二种方法的基础。(2)logit模型。在此模型中,一个变量被选做因变量。有待分析的标准是期望发生比(Ω_{ij}),它是其他自变量的函数。logit模型非常接近一般回归分析。对这一方法的详细阐述必须等到对一般对数线性模型进行说明之后。引申开来的话,就有可能选出两个变量作为相关变量，并分析它们之间作为其他变量函数的相互关系。

饱和模型

我们通过展现一个适用于 2×2 交互表的可能模型来开始我们对模型的讨论，例如表 1.1。这个模型之所以被认为是一个饱和模型，是因为所有可能的效应参数都进入了模型，它的形式为：

$$F_{ij} = \eta \tau_i^V \tau_j^M \tau_{ij}^{VM} \qquad [2.1]$$

F_{ij}代表如果模型正确，在单元格 i、j 中期望出现的数值或案例频数。η 是表格的每个单元格中案例数目的几何平均数，这一项非常类似回归公式中的截距项。它是测量影响效应的基准或起点，而它本身并没有实质性的含义。τ 项表示变量对单元格频数的“影响”。这些效应参数都与上面讨论的发生比和优比有关。如果投票变量在成员身份变量各类别上的分布平均而言不相等（非矩形），那么就存在 τ_i^V 效应（投票变量 V 的每个层次 i 的效应）。如果成员身份变量在投票变量各类别上的分布平均而言不相等（非矩形），那么就存在 τ_j^M 效应（成员身份变量 M 每个类别 j 的效应）。最后，τ_{ij}^{VM}效应（表格每个单元格 ij 的效应）在一定程度上表明投票和成员身份之间不是独立的（如，是相关的）。基于这九个效应参数，表 1.1 中四个单元格期望频数可以通过表 2.1 中列出的模型表示出来。

要注意的是，在这个模型中（像在所有对数线性模型中一样)，单元格频数(或单元格期望频数)被表示为一系列项的乘积。除了用η项表示平均或基准单元格频数外，效应的大小可以通过对数值1.00的偏离程度来测量。如果效应正好为1.00，则表示没有影响，因为乘积没有改变。如果没有影响，那么每个单元格频数都与其他单元格频数相等，并都等于η项的值。如果效应参数在一定程度上大于1.00，则那个单元格中的数值就会多于期望的平均案例数，然而，如果τ参数小于1.00，那么那个单元格的数值就会少于期望的平均案例数。

表2.1　饱和模型的单元格期望频数

		成员身份(M)	
		一个或更多	没有
投票参与(V)	投票	$F_{11}=\eta\tau_1^V\tau_1^M\tau_{11}^{VM}$	$F_{12}=\eta\tau_1^V\tau_2^M\tau_{12}^{VM}$
	没有投票	$F_{21}=\eta\tau_2^V\tau_1^M\tau_{21}^{VM}$	$F_{22}=\eta\tau_2^V\tau_2^M\tau_{22}^{VM}$

对于二分变量，诸如成员身份和投票参与，每个变量两个类别的效应参数τ互为倒数：

$$\tau^V=\tau_1^V=1/\tau_2^V \tag{2.2}$$

$$\tau^M=\tau_1^M=1/\tau_2^M \tag{2.3}$$

τ的下标值指代τ所对应的变量的类别。因此，τ_1^V就是变量"投票参与"的第一个类别("投票")对单元格期望频数的影响，而它的倒数τ_2^V就是"投票参与"的第二个类别("不投票")的影响。对公式2.2和公式2.3的限制性条件可以确保"投票参与"变量两个层次τ^V的乘积和"成员身份"变量两个层次τ^M的乘积都等于1.00。同理，τ^{VM}的四个值具有以下三个限制性条件，所以它们的联合乘积也为 1.00：

$$\tau^{VM}=\tau_{11}^{VM}=\tau_{22}^{VM}=1/\tau_{12}^{VM}=1/\tau_{21}^{VM} \qquad [2.4]$$

因为效应参数（九个）多于单元格频数（四个），因此，如果没有上述的五个限制性条件（公式 2.1 到公式 2.4），那么这个饱和模型是不能被估计出来的。这些限制性条件意味着只有四个效应参数是独立的（分别为 η、V、M 和 VM）。有了这四个独立的效应参数和表中四个单元格，饱和模型将再生产出观测单元格频数而不会剩余自由度（模型检验的自由度将会在下面的部分讨论，一般而言，等于 1 的 τ 参数的数目决定了自由度）。因此对于任何列联表，我们可以将观测值 f_{ij} 等同于饱和模型中的期望值 F_{ij}。当我们设定其他模型来估计单元格期望频数，而这些模型需要的效应参数又少于列联表单元格数目时，我们就能获得用于检验模型数据与观测数据之间拟合性的自由度。

运用表 2.1 中的公式，我们能够推导出基于（期望）单元格频数的 τ 效应参数的公式。通过这种方式，效应参数所代表的含义能够更清晰地显现出来。为了解释投票——成员身份相关性的效应参数，我们使用先前提到的期望优比：

$$\Omega^{VM}=\text{期望优比(VM)}=\frac{F_{11}F_{22}}{F_{21}F_{12}}=\frac{F_{11}/F_{21}}{F_{12}/F_{22}} \qquad [2.5]$$

这个期望优比的结果先前得出为 2.531（因为在饱和模型中，观测频数与期望频数是相同的）。下一步，我们用表 2.1 中的四个公式来代替四个 F_{ij} 并加以简化：

$$\frac{F_{11}/F_{21}}{F_{12}/F_{22}}=\frac{(\eta\tau_1^V\tau_1^M\tau_{11}^{VM})(\eta\tau_2^V\tau_2^M\tau_{22}^{VM})}{(\eta\tau_2^V\tau_1^M\tau_{21}^{VM})(\eta\tau_1^V\tau_2^M\tau_{12}^{VM})}=\frac{\tau_{11}^{VM}\tau_{22}^{VM}}{\tau_{21}^{VM}\tau_{12}^{VM}} \qquad [2.6]$$

这个关系表明，这个优比只与 V 和 M 之间相关关系的大小和方向有关，而与这两个变量的边际分布无关。使用公式 2.4中的恒等式，我们可以用单独一个二变量参数的函数重新写出这个优比：

$$F_{11}F_{22}/F_{21}F_{12} = [\tau^{VM}]^4 \quad [2.7]$$

或者

$$\tau^{VM} = (F_{11}F_{22}/F_{21}F_{12})^{\frac{1}{4}} \quad [2.8]$$

因此，投票—成员身份共变关系的参数是模型中期望频数交互乘积比（即优比）的四次方根。在实例中，此值为 1.261。

接下来看单一变量的 τ 参数、τ_i^V 和 τ_j^M，并依照与上面相同的步骤，我们可以得到那些项的表达式。我们从两个条件发生比的乘积开始：

$$\left(\frac{F_{11}}{F_{21}}\right)\left(\frac{F_{12}}{F_{22}}\right) = \left(\frac{\eta\tau_1^V\tau_1^M\tau_{11}^{VM}}{\eta\tau_2^V\tau_1^M\tau_{21}^{VM}}\right)\left(\frac{\eta\tau_1^V\tau_2^M\tau_{12}^{VM}}{\eta\tau_2^V\tau_2^M\tau_{22}^{VM}}\right) = \left(\frac{\tau_1^V\tau_{11}^{VM}}{\tau_2^V\tau_{21}^{VM}}\right)\left(\frac{\tau_1^V\tau_{21}^{VM}}{\tau_2^V\tau_{22}^{VM}}\right)$$

$$= \frac{(\tau_1^V)^2}{(\tau_2^V)^2} = (\tau^V)^4$$

或者

$$\tau^V = (F_{11}F_{12}/F_{21}F_{22})^{\frac{1}{4}}$$

同样，

$$\tau^M = (F_{11}F_{21}/F_{12}F_{22})^{\frac{1}{4}}$$

通过将前述关于 V 的公式乘以 $(F_{11}F_{12}/F_{11}F_{12})^{\frac{1}{4}}$，关于 M 的公式乘以 $(F_{11}F_{21}/F_{11}F_{21})^{\frac{1}{4}}$，我们可以得到一个替代性的表达式，这个表达式可以使我们进一步深入理解 τ 参数的意义。

这一步操作表明，τ 系数表示的是变量一个类别中期望案例数与交互表所有类别中期望案例数几何平均数的比率。因此，

$$\tau_i^V = \frac{(F_{i1}F_{i2})^{\frac{1}{2}}}{(F_{11}F_{12}F_{21}F_{22})^{\frac{1}{4}}} \qquad [2.9]$$

或者

$$\tau_i^M = \frac{(F_{1j}F_{2j})^{\frac{1}{2}}}{(F_{11}F_{12}F_{21}F_{22})^{\frac{1}{4}}} \qquad [2.10]$$

这些公式再次保证了一个变量的 τ 参数的乘积等于 1.00。τ 效应值越远离1.00，边际类别就越不可能拥有 1/K 个样本案例，K 是一个变量具有的类别数目(二类别变量的 K = 2)。换句话说，τ 参数反映了案例在变量类别间分布的偏态大小。

最后，通过相似的步骤，在每个单元格期望频数的公式中，常数项 η 就只是所有(期望)单元格频数的几何平均数(几何平均数就是 n 个数乘积的 n 次方根)。由于在我们举例的 2×2 表中有四个单元格，所以 η 值就等于四个单元格期望频数乘积的四次方根。因为在饱和模型中，单元格期望频数与观测单元格频数相等，所以我们现在就能计算出所有的参数估计值：

$$\hat{\eta} = (f_{11}f_{12}f_{21}f_{22})^{\frac{1}{4}} = 331.657$$

$$\tau_1^V = \frac{1}{\tau_2^V} = \frac{(f_{11}f_{12})^{\frac{1}{2}}}{\hat{\eta}} = 1.366$$

$$\tau_1^M = \frac{1}{\tau_2^M} = \frac{(f_{11}f_{21})^{\frac{1}{2}}}{\hat{\eta}} = 1.205$$

$$\tau_{11}^{VM} = \tau_{22}^{VM} = \frac{1}{\tau_{12}^{VM}} = \frac{1}{\tau_{21}^{VM}} = \left(\frac{f_{11}f_{22}}{f_{21}f_{12}}\right)^{\frac{1}{4}} = 1.261$$

使用这些估计(没有四舍五入),我们可以准确地再现四个单元格频数:

$$F_{11} = (331.657)(1.366)(1.205)(1.261) = 689$$

$$F_{12} = (331.657)(1.366)(1/1.205)(1/1.261) = 298$$

$$F_{21} = (331.657)(1/1.366)(1.205)(1/1.261) = 232$$

$$F_{22} = (331.657)(1/1.366)(1/1.205)(1.261) = 254$$

在进入 2×2 表的非饱和模型讨论之前,我们将对这些估计值做进一步的检视。τ^{V} 参数代表"投票"变量两个条件发生比的几何平均数的二次方根。在这种情况下,平均条件发生比在某种程度上要比即使从样本中随机抽取一个人,也就是在 1976 年参加了投票的情况好一些(大于 1∶1)。需要注意的是,这个条件发生比并不等于从边际行总数中计算出来的非条件发生比 2.03。条件发生比考虑了表格中其他变量的案例分布,而边际(非条件)发生比并不能反映数据中其他因素的存在情况。τ^{M} 效应大于 1.00,表明平均而言最少属于一个社团组织的人的数量要多于不属于任何组织的人的数量。最后,τ^{VM} 代表属于一些社团的人的投票发生比与不属于任何社团的人的投票发生比的对比。或者说,这个效应和与之相伴随的优比可以被看做当一个人已经投票的情况下,他/她属于社团组织的发生比。在一般对数线性模型中,没有变量被认为取决于其他变量。因此,两个解释中的任何一个都是合理的。然而接下来,我们将把投票看做是取决于其他变量的一种结果。

非饱和模型

饱和模型将交互表的单元格频数表示为对于一般均值(η),每个变量和它们之间相互关系的效应的函数。但是饱和模型没有简约性,因为它完全用C个效应来代表C个单元格。从饱和模型中得出的期望频数总是完全匹配观测频数。可以通过设定一些效应参数为1.00的方式来构建更加简洁和简单的模型,这类似于在回归分析中事先指定一个回归系数等于0(例如,假设一个特定的变量对因变量没有影响)。这样的非饱和模型得到的期望频数一般或多或少会与观测数据不一致。下一部分我们将考虑如何评估模型对数据的拟合优度。

在关于表1.1数据的几个非饱和模型中,有一个模型将二变量参数设定为1.00(设定一个$\tau_{ij}^{VM}=1.00$,就自动将其他三个也设定为1.00,这是因为受到限定性条件的作用)。在这个模型中参与投票和组织成员身份被假定为不相关,这是因为它们的关系通过了二维表中关于独立性的传统卡方检验的验证。在这个模型下,单元格期望频数为:

$$F_{ij}=\eta\tau_i^V\tau_j^M \quad [2.11]$$

其他τ被设定为1.00的另外的模型包括:

$$F_{ij}=\eta\tau_i^V \quad [2.12]$$

$$F_{ij}=\eta\tau_j^M \quad [2.13]$$

$$F_{ij}=\eta \quad [2.14]$$

公式2.1和公式2.11到公式2.14给出的五个模型是用来检验关于表1.1两个变量间关系的各种假设所必需的完整集合。需要注意的是,不可能出现在包含了高阶τ(如τ^{VM})的同时却没有包含嵌入其中的低阶τ(如τ^{V}和τ^{M})的模型。在接下来的部分,我们将对对数线性分析的层次性特征进行更全面的讨论,并将描述检验非分层模型的程序步骤。但我们将不考虑诸如$F_{ij}=\eta\tau_{ij}^{VM}$这样的模型。

我们上面讨论的各种一般对数线性模型都是通过乘法的形式表示出来的。我们注意到,如果对所有的项取它们的自然对数,就可以将这些等式转化为线性等式。也就是说,这些等式在它们的对数形式上是线性的(Ln,因此称为"对数线性"),这就是这种方法名称的来源。在古德曼的表达式中,公式2.15具有对数线性的形式:

$$F_{ij}=\eta\tau_{i}^{V}\tau_{j}^{M}\tau_{ij}^{VM} \qquad [2.15]$$

$$\mathrm{Ln}(F_{ij})=\mathrm{Ln}(\eta\tau_{i}^{V}\tau_{j}^{M}\tau_{ij}^{VM})=\mathrm{Ln}(\eta)+\mathrm{Ln}(\tau_{i}^{V})+\mathrm{Ln}(\tau_{j}^{M})+\mathrm{Ln}(\tau_{ij}^{VM})$$

或者

$$G_{ij}=\theta+\lambda_{i}^{V}+\lambda_{j}^{M}+\lambda_{ij}^{VM} \qquad [2.16]$$

在此式中,λ是τ的对数,θ是η的对数,G_{ij}是F_{ij}的对数。非饱和模型具有相同的对数线性表达式。这些对数线性的形式更类似于一般回归:单元格期望频数的对数是常数项加上每个变量项和变量间相互关系项的一个加法函数。因为1.00的自然对数为0,所以模型中一个λ效应的缺失就等同于这个参数的一个值为0,就如同在一般回归中一个没有影响的变量的斜率为 0 一样。

乘法和加法的对数形式在数学上是等同的。乘法形式的概念优势在于，它接近于模型动机之下的发生比和优比基础。因为这两种形式在社会科学领域可以通用，所以读者应该对这两种表达式体系都有所了解。

在饱和模型中的效应参数的统计显著性在它们的对数线性形式下最容易被断定（如 λ 效应参数）。λ 的标准误可以通过如下的公式来估计（Goodman，1972b：1048）：

$$\hat{s}_{\lambda} = \sqrt{\frac{\sum_{i}\sum_{j}(1/f_{ij})}{C^2}}$$

其中，C 是列联表中单元格的数目。对于大样本而言，如果 λ 的期望值为 0（如 $\tau = 1.00$），那么标准化的 λ（如 $\lambda/\hat{s}_{\lambda}$）就近似一个由均值 0 和单位方差所决定的正态分布。因此，与一般回归一样，一个大于 ±1.96 的标准化 λ 将在 $p = 0.05$ 的显著性水平上显著。虽然这样的标准化只严格适用于饱和模型，但 $\hat{s}_{\lambda}$ 为非饱和模型参数的显著性检验提供了一个检验统计量的上限。对于表 1.1 而言，$\hat{s}_{\lambda} = 0.029$。对饱和模型的三个 τ 取对数，并除以这个标准误，将得到较大的标准化值，这表明全部三个效应都高度显著。

第2节｜拟合边际

现在，我们介绍一种描述模型的常规表达式，这一表达式不必像上一节那样使用单元格频数公式。首先，我们详细阐述一下分层结构的概念。当在数据中呈现一个复杂的多变量间关系必须将相对简单的交互关系包含进去时，就存在模型的层次性。举例而言，在一个四变量的交互表中，如果一个包括投票、成员身份和教育变量三维交互（τ^{VME}）项的分层模型被设定，那么这个模型的公式中就一定也会包括所有二变量的参数（τ^{VM}、τ^{ME}和τ^{VE}）和单变量的效应（τ^{V}、τ^{M}和τ^{E}），当然还有总的均值效应η。在分层结构中，模型中包含高阶关系，这就潜在地包含了由组成这些高阶关系的要素构成的低阶效应的所有组合。对数线性方法同时包括了分层的和非分层的两种取向，但一般而言，前一种方法更为人们所偏爱，其中的原因我们将稍后讨论。实际上，一些对数线性估计方法不允许研究者在纳入高阶相关性时，忽略嵌入在这些关系中的低阶项。

描述这些模型更简便的表达式是使用代表交互表中特定变量的字母。这种表达式是将模型假设有相关关系的变量的代表字母放在大括号或圆括号中。每一组带括号的字母表示模型中所包含的最高阶的效应参数（例如，在乘法形式中没有被假设为 1.00、在加法形式中没有被假设为 0 的 τ)。由于层次性要求,括号中的一组字母可以表示所有必须呈现的低阶关系。举例来说,针对表 1.1 数据的饱和模型写成公式 2.17 为:

$$F_{ij} = \eta\tau_i^V\tau_j^M\tau_{ij}^{VM} \tag{2.17}$$

在标准表达式中,它的表示方式为{VM}。通过将 V 和 M 都放入到一对相同的括号中(字母的顺序并不重要),我们为投票变量{V}确定了单变量 τ 参数,为成员身份{M}确定了参数 η。如果在公式 2.11 中的模型被假设,表达式就是简单的{V}{M}。因为代表投票和成员身份变量的字母并没有在同一个括号里出现,我们将其解释为这是一个假设 V 和 M 互不相关的模型,虽然 V 和 M 两者的边际发生比可能并不等于 1.00。为了将这个表达式扩展应用于有种族、教育、成员身份和投票参与四维交互的表格中,饱和模型就表示为{REMV}。如果研究者认为,四维交互并不必然能拟合数据但需要所有三维的交互作用,新模型将被简写成{REM}{REV}{RMV}{EMV}。在一个大大简化了的模型中,如{EV}{EM}{R},我们能很快地看出,四维和三维的交互作用都被假设为不存在,大部分二维的交互作用也不存在。对于种族变量而言,只有边际发生比被假设为对拟合数据是必需的。

除了表达的简洁性之外,对数线性模型的标准表达式也传递出这个分析方法的另一个重要特征。括号中的变量标明了从完整的交互表格中形成的子表格("边际"表格)。在用给定的假设模型对完整表格进行单元格频数估计时,在指定的边际单元格中的期望频数(F_{ij})必须与相同子表格集合中相应的观测频数(f_{ij})完全相等。用于估计期望频数的程序步骤(将在下一节进行描述)保证了期望频数与特定边际单元格中的观测频数总是拟合的。因此,标准表达式经常被称为“拟合边际表达式”。

这个概念存在于对二维表(如表1.1中的V-M交互表)进行的传统的卡方独立性检验中。在这个检验中,对单元格期望频数的一个要求是,它们相加的总和为观测行与列的边际频数。在标准的对数线性表达式中,关于变量独立性的模型,{V}{M}意味着通过模型“拟合”数据关于投票和成员身份两个单变量的边际分布必须正好等于交互表中观测到的行列的加总。如果模型{V}{M}可以拟合表1.1的数据,那么将发现如下的期望频数:

		成员身份(M)		
		一个或更多	没有	合计
投票参与(V)	投票	617.13	369.87	987
	没有投票	303.87	182.13	486
		921	552	1473

虽然这个模型中的F_{ij}与f_{ij}不一致,但通过行列拆分(相加)得到的边际值却等于观测数据。同时需要注意的是,期望频数的优比为1.00,与模型的假设$\tau^{VM}=1.00$相符,说明这两个变量不相关。

一个二维表的“边际”很明显就是行或列的总和,这些总和对应于各个变量各类别的案例分布。在多维的交互表中,边际是指将较大的表格拆分而形成的二变量、三变量或更多变量的子表格,这种拆分依据的是在模型的拟合边际表达式中所假设的模式。一个饱和的对数线性模型甚至也有一个拟合边际表格，它正好与观测表格相等，因此对于饱和模型而言，拟合单元格频数与观测单元格频数是等值的。

我们可以用一个有种族、教育、成员身份和投票参与变量的完整四维表格来说明其中的一些原理，这个四维表的观测频数显示在表 2.2 中。假定我们假设投票变量与成员身份变量单独相关，并与种族和教育变量联合相关（例如，一个三变量的交互作用），同时种族、教育和成员身份变量两两相关。在拟合边际表达式里，这个模型就是{VM}{VRE}{REM}。简单来讲，就是通过使用一个程序来估计在这个模型下的期望频数，我们将这些期望频数显示在表 2.3 中。我们留给读者自己去证明以下提法：如果期望频数 F_{ijkl} 的适合项相加产生模型所拟合的三个边际值，结果将正好与观测频数边际总和相等。同时也要注意，嵌入在高阶边际中的低阶相关——如{VR}{RE}和{EM}——在观测数据和模型化数据之间也是相等的。

表 2.2 种族、教育、成员身份和投票参与交互表

种族	教育	成员身份	投票参与	
			投票	没有投票
白人	低于高中	没有	114	122
白人	低于高中	一个或更多	150	67
白人	高中毕业	没有	88	72
白人	高中毕业	一个或更多	208	83
白人	大学	没有	58	18
白人	大学	一个或更多	264	60
黑人	低于高中	没有	23	31
黑人	低于高中	一个或更多	22	7
黑人	高中毕业	没有	12	7
黑人	高中毕业	一个或更多	21	5
黑人	大学	没有	3	4
黑人	大学	一个或更多	24	10

表 2.3 模型{VM}{VER}{ERM}的单元格期望频数

种族	教育	成员身份	投票参与	
			投票	没有投票
白人	低于高中	没有	116.76	119.23
白人	低于高中	一个或更多	147.24	69.77
白人	高中毕业	没有	88.82	73.18
白人	高中毕业	一个或更多	209.18	81.82
白人	大学	没有	52.82	23.18
白人	大学	一个或更多	269.18	54.82
黑人	低于高中	没有	25.77	28.23
黑人	低于高中	一个或更多	19.23	9.77
黑人	高中毕业	没有	12.27	6.73
黑人	高中毕业	一个或更多	20.73	5.27
黑人	大学	没有	3.55	3.45
黑人	大学	一个或更多	23.45	10.55

生成期望频数

现在我们需要解释一个假设模型如何产生期望频数。对一些简单的模型而言，比如上面所检验的二变量模型，存在一些可以对非饱和模型进行直接估计的简单公式。但对于较大的表格和更复杂的模型，就需要运用一些算法来获得模型的期望频数。两种常用的程序分别为费伊(Fay)和古德曼在ECTA程序中运用的迭代比例拟合算法、戴明—斯蒂芬算法和运用在MULTIQUAL程序中的牛顿—拉夫逊算法。虽然牛顿—拉夫逊过程更具一般性，但我们将更多地讨论更简单和更经常使用的迭代比例拟合算法。

迭代比例拟合算法的计算机执行过程相当复杂，在这里我们不做介绍(Davis，1974:227—231；Bishop et al.，1975:57—122；Goodman，1972b:1080—1085；Fienberg，1977:33—36)。这个程序运用由模型拟合的边际表格来保证在其他各个变量上的期望频数总和等于对应的观测边际频数总和。不受模型的拟合边际限制的变量的期望发生比和优比都等于1.00。

迭代比例拟合过程为分层模型产生单元格期望频数的最大似然估计(MLE)。虽然对MLE技术的阐述超出了本书的范围,但这些程序可以产生一致、有效的统计估计值,而一致性和有效性在理论上是非常理想的统计估计值的标准(Bishop et al.,1975:58)。单元格期望频数的初步估计被成功地加以调整,以拟合模型中所确定的每个边际子表格。通常,所有的单元格最初都被估计为1。因为转化成最终的估计值非常迅速,很少会出现问题。稍后,我们将给出使用不同起始值时所做的分析。因此,在模型{VM}{VRE}{REM}中,最初的估计值首先被调整以拟合{VM}的观测频数,然后去拟合{VRE}的观测频数,最后拟合{REM}的观测频数。然而在每次新的拟合中,前一次的调整都会变得有些扭曲,所以这个过程会从最新的单元格估计开始再进行一遍。每一轮都将会有一些改进,直到在现在的估计值和前一个估计值之间达到一个任意小的差别,这时,这个过程才会结束。这种最小似然估计算法总能使期望频数连续估计值之间的差异达到所期望的那样小。虽然戴维斯(Davis,1974)提供了用袖珍计算器进行计算所需要的准则,但是只有最简单的问题才可以在不使用高速计算机的条件下完成。

当程序为一个给定的模型设定生成了期望频数 F_{ij} 之后,这些数字将通过程序进入合适的公式中,为变量和它们之间的交互项生成效应参数估计值(τ 或者 λ)。

第3节｜分析发生比

目前，我们只处理一般对数线性模型。在这种模型中，所有的变量都被当做响应变量，它们之间的关系是由全部变量集合的乘积或相加函数所决定的。用效应参数建构模型的标准是单元格期望频数(F_{ij})。我们现在转向对数线性模型的第二个主要类型，即一般对数线性模型的一个特例——logit 模型。在 logit 模型中使用的是类别变量，类似于处理连续因变量的一般线性回归。因此，古德曼(1972)称它为“一种改进的回归方法”。在这个模型中，一个变量在概念上被认为取决于其他变量引起的变化。在这个模型中分析的标准是因变量单元格期望频数的发生比。更准确地说，我们讨论的模型与发生比的对数有关，这个发生比的对数就叫做 logit。通常，logit 被界定为发生比对数的 1/2。然而，古德曼采用了分析发生比对数的一般惯例，我们在本书中沿用此法(Goodman, 1972:35)。

为了将 logit 模型与一般对数线性模型做对比，我们考虑包含投票、自愿性社团成员身份和种族三变量的例子。投票变量将被概念化为因变量，它的发生比是成员身份和种族的函数。在对数线性(饱和)模型下，单元格期望频数 F_{ijk} 是多个效应参数的函数。因此，

$$F_{ijk} = \eta\tau_i^V \tau_j^M \tau_k^R \tau_{ij}^{VM} \tau_{ik}^{VR} \tau_{jk}^{MR} \tau_{ijk}^{VMR}$$

现在，如果我们用这些单元格期望频数来产生投票的期望发生比，那么，我们将得到如下结果：

$$\frac{F_{1jk}}{F_{2jk}} = \frac{\eta\tau_1^V \tau_j^M \tau_k^R \tau_{1j}^{VM} \tau_{1k}^{VR} \tau_{jk}^{MR} \tau_{1jk}^{VMR}}{\eta\tau_2^V \tau_j^M \tau_k^R \tau_{2j}^{VM} \tau_{2k}^{VR} \tau_{jk}^{MR} \tau_{2jk}^{VMR}}$$

一旦这个公式上下的公共项被删除，我们就能得到一个简化的表达式：

$$\frac{F_{1jk}}{F_{2jk}} = \frac{\tau_1^V \tau_{1j}^{VM} \tau_{1k}^{VR} \tau_{1jk}^{VMR}}{\tau_2^V \tau_{2j}^{VM} \tau_{2k}^{VR} \tau_{2jk}^{VMR}}$$

将前述的进一步限制性条件应用于此式以使其具有可识别性，此表达式可进一步简化为：

$$\frac{F_{1jk}}{F_{2jk}} = (\tau^V)^2 (\tau_j^{VM})^2 (\tau_k^{VR})^2 (\tau_{jk}^{VMR})^2$$

通过取对数可得：

$$\mathrm{Ln}\frac{F_{1jk}}{F_{2jk}} = 2\mathrm{Ln}(\tau^V) + 2\mathrm{Ln}(\tau_j^{VM}) + 2\mathrm{Ln}(\tau_k^{VR}) + 2\mathrm{Ln}(\tau_{jk}^{VMR})$$

或

$$\mathrm{Ln}\frac{F_{1jk}}{F_{2jk}} = 2\lambda^V + 2\lambda_j^{VM} + 2\lambda_k^{VR} + 2\lambda_{jk}^{VMR}$$

其中 λ 是 τ 的自然对数。用古德曼(1972)的表达式将这个公式重新表示出来可以得到：

$$\Phi_{jk}^V = \beta^V + \beta_j^{VM} + \beta_k^{VR} + \beta_{jk}^{VMR}$$

我们可以看出，在对数线性模型的效应参数和 logit 模型的参数之间存在直接的关系。Φ_{jk}^V 是投票(条件)发生比的对数，β

对应 λ，比如，$\beta^{V}=2\lambda^{V}$，$\beta_{j}^{VM}=2\lambda_{j}^{VM}$，等等。

为了展现 logit 模型和一般对数线性模型之间的区别，我们将分析四变量的数据。假定我们假设参加投票的发生比取决于成员身份、种族、教育以及种族和教育的交互作用，那么，这个模型的 logit 公式用古德曼表达式表示，就为：

$$\Phi_{ijk}^{V}=\beta^{V}+\beta_{i}^{VM}+\beta_{j}^{VE}+\beta_{k}^{VR}+\beta_{jk}^{VER} \qquad [2.18]$$

这里，Φ^{V} 是投票参与期望发生比的对数。与等价的对数线性模型所受的制约一致，影响 V 的每个因素的 β 的总和为 0。例如，由于教育有三个类别，所以 $\beta_{1}^{VE}+\beta_{2}^{VE}+\beta_{3}^{VE}=0$。

logit 模型的一个重要方面在公式 2.18 中没有显现出来，那就是所有自变量之间的三维交互作用{REM}是通过所有包含了较少边际项的{RE}、{RM}、{EM}、{R}、{E}、{M}表现出来的。这些因素项在求解投票变量期望发生比的 logit 方程中并不会出现，但这些边际必须在估计作为发生比基础的期望频数时被拟合。即使有些因素在统计上不显著（显著性的标准将在下一节中讨论），但是那些全部自变量在其中产生交互作用的边际表格也都必须被包含进所有 logit 模型中。这种包含关系是 logit 模型与对数线性模型之间的一个主要区别，原因如下所示。用四变量例子中的拟合边际表达式（解释如上），我们可以比较下面的两个模型：{VMER}和{V}{MER}。其中第一个是包含了所有效应的饱和模型。第二个模型则受到一种非常特殊的限制。以下效应都被假设为 0（不存在）：{VM}{VE}{VR}{VME}{VER}{VMR}{VMER}，也就是说，所有涉及投票参与的相关关系和交互关系的效应都被假设为 0，并且只有这些效应在模型中被假设为0。如果我们想要检验任何涉及V的效应是不是对数据进行准确的模型化所必需的，那么，这些检验将通过与一个基准模型，如{V}{MER}，进行比较而得以实现，这个基准模型包含的仅仅是(并且全部是)不涉及因变量的关系。这个对数线性程序与回归分析类似，因为尽管自变量间的相关关系没有明确地出现在回归方程中，但这些关系其实已经被考虑进来了。

公式2.18的参数估计，如同在一般对数线性模型中一样，开始于拟合假设所提出的边际以得到期望频数。拟合边际{MER}{ERV}{MV}产生了表2.3中的期望值。要注意logits的宽广值域，它涵盖了从没有高中学历和社团成员身份的黑人的-0.09[$=\text{Ln}(25.77/28.23)$]到具有大学学历和一些社团成员身份的白人的1.59[$=\text{Ln}(269.18/54.82)$]。为了取得β值，我们运用如下公式对适合的τ值进行转换(其中，Q代表影响V的其他变量)：

$$\beta^{VQ}=2\text{Ln}\,\tau^{VQ}$$

因为古德曼对logit的定义是一般定义值的两倍，因此，表2.4给出了公式2.17模型的相关τ值和与它们等价的β值。

一个对数线性程序，如ECTA，能够被用来以两种算法中的一种去估计logit模型中的β值。以前面建议的方法可以得到λ的估计值，这些值的两倍就得到等价的β值。另一种方法，因变量的发生比可以作为观测值直接读入，在这种情况下，一般对数线性模型加法形式中的λ值就直接等价于logit模型(使用古德曼的表达式)中的β值。不论采用两种方法中的哪一种，模型对数据的拟合都将是相同的。

为了表明这些参数准确地再生成了期望发生比，让我们将高中毕业并具有一些社团成员身份的黑人的表达式写出来。这些应答者在1976年参加投票的期望发生比是20.73∶5.27，logit值为1.37。这个logit值的公式是：

$$\Phi_{222}^{V} = \beta^{V} + \beta_{2}^{VM} + \beta_{2}^{VE} + \beta_{2}^{VR} + \beta_{22}^{VER}$$

表2.4　模型{VM}{VER}{ERM}的τ和β参数

项	τ	β
η	1.375	0.636
τ_{11}^{VM}	0.825	−0.385
τ_{11}^{VR}	1.037	0.073
τ_{11}^{VE}	0.857	−0.309
τ_{12}^{VE}	1.069	0.133
τ_{13}^{VE}	1.091	0.174
τ_{111}^{VER}	0.982	−0.036
τ_{121}^{VER}	0.866	−0.288
τ_{131}^{VER}	1.176	0.324

注：报告的参数值对应于R变量的第1层次（白人）和M变量的第1层次（一些成员身份）。其他层次的参数值可以通过取倒数（对于τ）或改变符号（对于β）的方式获得。

插入适当的β值（注意，当成员身份和种族在第二层次时正负符号的改变）得到：

$$\Phi_{222}^{V} = 0.636 + 0.385 + 0.133 - 0.073 + 0.288 = 1.37$$

对于logit模型参数的解释类似于对一般回归中叠加系数的解释。正的值表明，自变量或交互项提高了因变量的发生比，而负的β值说明发生比降低了。因此，没有社团成员身份将大大降低投票率（−0.385），而如果是白人，则会小幅提升投票率（0.073）。为了评估一个多类别自变量的影响，就必须考虑该改变量上所有的β值。低的教育水平将降低投票率(−0.309),而增加教育年限将提升投票的发生比(高中毕业为0.133,大学为0.174)。交互作用能够用以上方式中的一种加以解释。例如,$\beta_{131}^{VER}=0.324$既可以被解释为大学教育在提高白人的投票参与率上要大于黑人,也可以被解释为,白人在接受过大学教育的应答者中提高的投票参与率要大于在只接受过较少教育的应答者中所提高的。这个系数本身并不能表明接受大学教育的白人比接受大学教育的黑人或接受低教育的白人有更高的投票率(虽然这也是正确的),它只表明单元格231的对数发生比的值比排除了这个效应的等价模型的期望值要大。这个等价模型为:

$$\Phi_{231}^{V}=\beta^{V}+\beta_{2}^{VM}+\beta_{3}^{VE}+\beta_{1}^{VR}$$

这是解释效应参数的一个要点,并且有必要在这点上做一点扩展。考虑关于数据的一个假想表格(表2.5),它表明了是或不是A与是或不是B之间的关系。如果我们计算表2.5的卡方值(8.56, df = 1),我们将发现,在这两个变量之间有显著的相关关系,那些在A类别中的人也倾向于在B类别中。但要注意的是,这个陈述将同时在A和B中的54人的观测频数与这个单元格的期望频数38.72(基于边际分布)做对比。根据简单的原始频数,那些在A类中的人更有可能在非B类中(每个人都是A或非A)。一个对数据更详尽的描述会这样叙述:"虽然大多数人都在非B类中,但是A类中的那些人相对而言却较不可能在这一类别中而更有可能在B类中。"在对数线性模型的背景下,我们必须清楚地知道效应参数表示的是在相对频数以及在相对发生比和优比中的差异。在表2.5中，成为A提高了某人成为B的机会（虽然成为B的机会仍然较低）。

表2.5 A和非A与B和非B之间的关系

	A	非A	合计
B	54 (38.72)	187 (202.28)	241 (241)
非B	187 (202.28)	1072 (1056.72)	1259 (1259)
合计	241 (241)	1259 (1259)	1500 (1500)

第3章

拟合检验

第1节 评估模型对数据的拟合

目前，我们已经清楚了如何用一般或logit形式来概念化对数线性模型以及如何使用公式和拟合边际表达式来表明变量间的关系。我们也讨论了如何得到期望频数的其他来源，可以用直接的公式，也可以通过迭代比例拟合计算机算法来得到。现在，我们讨论如何决定一个假设的模型是否合理有效地拟合了观测数据。比如，公式2.1以及公式2.11到公式2.14是五个应用于表1.1二维交互表的截然不同的模型，但这些模型中只有一个能够展现观测频数被生成的过程。我们的问题是确定哪个模型提供了最好的拟合性。

这个问题可以通过对每一个模型产生的单元格期望频数 F_{ij} 进行评估，并将它们与观测频数 f_{ij} 进行比较来解决，一般使用皮尔逊卡方统计(χ^2)或似然比统计：

$$L^2 = 2\sum f_{ij}\ln(f_{ij}/F_{ij}) \qquad [3.1]$$

L^2 比 χ^2 更可取，因为：(1)期望频数是通过最大似然法估计得到的；(2)能够对 L^2 进行特殊分离，以便对多维表格中的条件独立性进行更有力的检验。L^2 服从 χ^2 分布，其自由度(df)等于设定为1.00的 τ 参数的数量(对单元格期望频数没有影响)(参见Davis，1974，对在多元对数线性模型中自由度决定因素的详细讨论)。L^2 与可获得的自由度 df 相比越大,则期望频数偏离实际单元格频数就越多。因此,我们可以作出总结:如果 L^2 很大,则表明假设的模型不能很好地拟合数据,就应该将其作为变量间关系不充分的表现加以拒绝。

需要注意的是,这一检验策略通常与二维表中传统的卡方独立性检验一起被教授并与之正好相反,所以在决策过程中可能会造成一些困惑。在通常的卡方独立性检验中,我们尝试拒绝关于变量间无相关性的原假设,因此,我们希望发现一个相对于自由度而言较大的 χ^2 值。但是,为了尽量找到描述交互表的最拟合的对数线性或 logit 模型,我们希望接受假设的模型,因此,我们想发现一个相对于自由度而言较小的 L^2 值。

关于统计检验需要进一步注意的是,一个可接受的对数线性模型是,它的单元格期望频数与观测数据之间不存在显著差异。结果,分析者在他/她愿意接受的第Ⅰ类错误 α 的水平上很难作出选择。特别是在打算将样本的结论推广到总体时,我们将 α 值设定得非常小,诸如 $p = 0.05$ 或0.01,不愿意下结论认为存在差异关系,除非有很强的证据支持原假设是错误的。

但是,寻找"最"拟合的模型的策略促使我们对第Ⅱ类错误 β 产生了更大的兴趣,对此类错误的控制有可能较小。我们想要确认一个包含了所有正确关系的模型,但是如果犯第Ⅱ类错误的概率很高,我们就很有可能在模型中将总体中存在的效应忽略掉。犯第Ⅱ类错误的可能性可以通过增加样本量(一般不太可行,尤其是在用二手数据时)或通过增加犯第Ⅰ类错误的机会来减少。第二种选择引起的困境是在模型中潜在地包含本来不应该包含的关系，因为这些关系反映的仅仅只是抽样差异。解决这一问题最常用的办法大概就是当犯第Ⅰ类错误的概率大约在0.01到0.35之间时，就接受这个模型能够拟合数据。在更高的概率层次上，模型可能会“拟合过度”，即包含了不必要的参数(Bishop et al.，1975：324)。

为了说明模型检验的过程，我们将对表1.1二维数据的全部五个模型进行评估。结果显示在表3.1中。五个模型中除了一个之外，其余的L^2值都太大而不能被接受。只有饱和模型1完全拟合了数据但使用了所有的自由度，讲出了数据中的故事。需要注意的是，为了评估一个饱和模型，我们必须将它的拟合优度与忽略了全部交互项的非饱和模型的拟合优度做比较。这种模型之间对比的策略将在下一节中探讨。

第 2 节 相同数据不同模型的比较

在对相同数据进行拟合的各种不同模型之间做明确比较，可以使我们更好地理解假设。对投票—成员身份交互表的五个模型(公式 2.1 和公式 2.11 到公式 2.14)两两进行比较来对关于数据中存在效应的一些假设进行检验。然而，这些假设相互之间并不是独立的。因为只有四个独立参数，而在五个模型之间有 10 个可能的比较(假设)，很明显，这些比较会有重叠。比如，对公式 2.11 和公式2.12 比较的结果(对 τ_i^M 的检验)显然不会独立于对公式 2.13 和公式 2.14 比较的结果(也是对 τ_i^M 的检验，虽然在这个检验中，V 的效应没有被控制)。许多假设都是可能的，我们将考虑两个根本性问题，它们可以用表 3.1 中的 L^2 值来解答。

表 3.1 表 1.1 数据的模型间比较

模型	拟合边际	效应参数				似然比 L^2	df	p
		η	τ_1^V	τ_1^M	τ_{11}^{VM}			
1	{VM}	331.66	1.37	0.83	0.80	0.00	0	—
11	{V}{M}	335.25	1.43	0.77	1.00*	66.78	1	<0.001
12	{V}	346.30	1.43	1.00*	1.00*	160.22	2	<0.001
13	{M}	356.51	1.00*	1.29	1.00*	240.63	2	<0.001
14	{ }	368.25	1.00*	1.00*	1.00*	334.07	3	<0.001

注：* 假设为 1.00。

独立性假设

针对表 1.1 给出的数据，最经常和最合理的问题就是，投票参与和组织成员身份之间是不是独立的？传统的卡方检验表明两者之间并不独立，如同表 3.1 第二行所示。但在对独立性假设的正式检验中，我们实际上是将模型 1 的结果与模型 11 进行比较。两个模型之间的差异，正如对比公式 2.1 和公式 2.11 所能看到的那样，就是 τ_{ij}^{VM} 项只存在于前者却不存在于后者中。如果两个模型给出了不同的 L^2 值，这可能仅仅是因为二变量相关的 τ 参数反映了这些变量间显著的共变关系。实际上，将非成员的投票参与发生比与成员的投票参与发生比相比所得的优比必须与 1.00 有显著差异（1.00 是在一般对数线性模型的乘法版本中 τ 的“无效应”值）。

对两个模型间差异的检验能够提取出 L^2 值并将它与自由度的差异值做对比。在 L^2 中的这个差异值的分布近似于 df，等于两个模型间 df 差异值的卡方变量的分布。举一个特别的例子，表 3.1 显示 $\Delta L^2 = (66.78 - 0.00) = 66.78$ 和 $\Delta df = (1 - 0) = 1$，在小于 0.001 的水平上高度显著。因此，我们可以拒绝原假设并下结论认为，投票参与和成员身份在这一样本所在的总体中显著相关。在实践中，我们应该将 L^2 值缩减 1/3 以将综合社会调查的非随机抽样设计考虑进来(Stephan & McCarthy, 1958)。然而，由于我们的分析只是说明演示性的，为方便起见，我们忽略了这一修正。在这个例子中，基本结论保持不变。

相等边际分布假设

这两个假设在对数线性框架中都能够被轻松地解决，虽然它们在这个特殊例子中没有多少实质性价值。比较公式2.11和公式2.12，它们的区别在于，τ^{M}参数在后者中被假设为不存在。这一项的值是不属于任何自愿性社团的人相对于属于社团的人的发生比的函数。在某种程度上，非成员是少数，观测的边际发生比将偏离1∶1，因此τ^{M}项将小于1.00。这一偏离是否显著取决于只在有与没有此参数上存在区别的两个模型在似然比统计检验值上的差异。因为$\Delta L^2 = 93.44$，$\Delta df = 1$，我们总结认为，边际在成员身份变量上是不均等分布的。关于投票参与变量上的相等边际分布假设的类似判断也能够被计算出来。

以上检验的两种类型的假设都是关于单个参数效应的简单假设。更复杂的假设能够通过对两个模型间的全部参数集合同时进行比较的方式来检验。例如，通过比较模型14和模型11，我们能够一次检验全部边际差异。但对于渐增式检验更频繁的应用是为了确定特定参数是否按要求为数据提供了可接收的模型拟合优度。

第 3 节 | 更复杂的模型：多类别变量

我们已经通过以其他三个变量为函数的投票变量的 logit 公式简要地考察了关于投票、成员身份、教育和种族的四维表格。对这种多维分析的一些额外特征需要有进一步的了解。首先要考虑饱和一般对数线性模型的公式：

$$F_{ijkl} = \eta\tau_i^V\tau_j^M\tau_k^E\tau_l^R\tau_{ij}^{VM}\tau_{ik}^{VE}\tau_{il}^{VR}\tau_{jk}^{ME}\tau_{jl}^{MR}\tau_{kl}^{ER}\tau_{ijk}^{VME}\tau_{ijl}^{VMR}\tau_{jkl}^{VER}\tau_{jkl}^{MER}\tau_{ijkl}^{VMER} \quad [3.2]$$

值得一提的是，这个看着就非常复杂的公式突出了拟合边际表达式的优点。相同的模型可以用{VMER}简洁地表达出来。

需要注意的是，与二变量的公式 2.1 不同，一些参数被用来代表三个和四个变量之间可能的交互作用。这些交互项可以被概念化为条件关系：任何一对交互项优比的大小取决于第三或第四个变量的层次。比如，τ_{jkl}^{MER} 能够表示教育水平与成员身份之间的相互关系随着应答者的种族而改变，或者在教育上的种族差异随着成员身份的层次而变化，或者种族中的成员身份比例取决于教育。在实际例子中，研究者选择强调哪种解释取决于激发研究兴趣的理论问题。

从统计学观点来看，交互效应是优比比率的函数。当一对变量在第三个变量的第一个层次上的优比不同于它们在第三个变量另一个层次上的优比时，那么，这个“优比比率”就将偏离 1.00。然而，如果两个变量的优比在第三个变量的不同类别中保持不变，那么，交互作用的 τ 参数将等于 1.00。同其他效应一样，限制约束也作用于三变量的 τ 参数，例如：

$$\begin{aligned}\tau^{VMR} &= \tau_{111}^{VMR} = \tau_{122}^{VMR} = \tau_{212}^{VMR} = \tau_{221}^{VMR} \\ &= \frac{1}{\tau_{112}^{VMR}} = \frac{1}{\tau_{121}^{VMR}} = \frac{1}{\tau_{211}^{VMR}} = \frac{1}{\tau_{222}^{VMR}}\end{aligned} \quad [3.3]$$

也就是说，当所有三个变量都是多类别变量时，只有一个独立的效应参数值将被计算出来，并且，这个值或者它的倒数将被应用于三个多类别变量的所有八个组合中。

当模型 18 中纳入了一个多类别（三类别）变量——教育，就会产生更复杂的情况。回想一下，多类别变量的 τ 参数是一个数值的函数：这个数值或者它的倒数。但三类别变量有两个自由度，因此必须计算两个特殊效应（或它们的倒数）。

这三个 τ_k^E 参数可以通过一些不同的方法被估计出来，这取决于在测量发生比时，变量的三个类别中的哪一个被选出来作为“基准”。比如，一个发生比可以将第一类别（低于高中）中的应答者与第二类别（高中毕业）中的应答者进行对比。第二个发生比可以将第一个类别与第三个类别（大学）进行对比。两个发生比相互之间是独立的。但第三个发生比，将类别二与类别三进行对比，可以从其他两个发生比中推导出来。第一个发生比与第二个发生比的比率产生了接收大学教育的人相比于低于高中教育的人的发生比。因此，用三个类别就只有两个独立的发生比能被估计出来。一般来说，如果给定K个类别，就有K－1个不同的参数或它们的倒数需要被计算。

在决定计算哪个发生比以便估计公式3.2中的τ参数时，我们运用在第2章中考虑的情况，即τ参数表示在一个变量的某类别中的期望案例数与此变量所有类别期望案例数的几何平均值的比率。因此，三个τ_k^E能够被计算：

$$r_1^E = \left\{ \pi_i^2 \pi_j^2 \pi_l^2 \left(\frac{F_{ij11}}{(F_{ij11} F_{ij21} F_{ij31})^{1/3}} \right) \right\}^{1/8} \qquad [3.4]$$

$$r_2^E = \left\{ \pi_i^2 \pi_j^2 \pi_l^2 \left(\frac{F_{ij21}}{(F_{ij11} F_{ij21} F_{ij31})^{1/3}} \right) \right\}^{1/8} \qquad [3.5]$$

$$r_3^E = \left\{ \pi_i^2 \pi_j^2 \pi_l^2 \left(\frac{F_{ij31}}{(F_{ij11} F_{ij21} F_{ij31})^{1/3}} \right) \right\}^{1/8} \qquad [3.6]$$

符号π表示各项的乘积。要注意的是，每个τ是其他两个τ乘积的倒数，这是为了保证联合乘积等于1.00：

$$\tau_1^E = \frac{1}{\tau_2^E \tau_3^E},\ \tau_2^E = \frac{1}{\tau_1^E \tau_3^E},\ \tau_3^E = \frac{1}{\tau_1^E \tau_2^E} \qquad [3.7]$$

如同二维表格的饱和模型1，四维表格的饱和模型18也可以通过事先设定一些τ参数等于1.00（即没有效应）的方法产生更简单的非饱和模型。即使只有四个变量和层次模型，也能够评估许多模型。表3.2运用拟合边际表达法呈现了一部分模型的概况。我们作出的基本假设是投票参与V作为我们想要解释其模式的变量是其他三个变量的函数，这三个变量的每个模型都拟合了{MER}的边际表格。这就是我们先前在第2章中列出的logit模型的程序。其他的拟合边际都将V与一个或更多的自变量联系在一起。在下一节中，我们将讨论假设检验以确认数据的最佳拟合模型，但我们首先要处理在多变量交互表中如何决定自由度的问题。

为了计算与模型相关的自由度，就必须知道每个变量的类别个数。在四个变量分别有 I、J、K 和 L 个类别的四维表中，可获得的自由度总数就是表中单元格的总数减去 1 或 (I)(J)(K)(L) − 1。在我们所举的例子中，可获得的自由度就为 (M)(E)(R)(V) − 1 = (2)(3)(2)(2) − 1 = 23。当然，饱和模型总是不能获得自由度，因为所有设想的参数都可以自由变化以准确地拟合数据。当从数据中估计的参数数量减少时（通过设定相应的 τ 为 1.00，因此 β 等于 0），检验模型所需的自由度就会增加相等的数目。

因此，判断任何给定模型的自由度，我们只需要考虑模型所具备的每个效应中包含的变量，计算每个变量的类别个数，将每个类别的个数减去 1，再将各项相乘。以模型 28 为例，拟合边际表格{MER}{MV}{EV}。对于第一个子表而言，成员身份和种族变量都有两个类别，教育有三个，所以用来拟合这个子表的自由度为 (2−1)(2−1)(3−1) = 2。因为投票是个二分变量，{MV}用了 (2 − 1)(2 − 1) = 1 个自由度，而{EV}需要 (3 − 1)(2 − 1) = 2 个自由度。但要记得在更高阶的关系中嵌入较低阶的关系，在这个例子中就是{ME}、{MR}、{ER}、{M}、{V}、{E}和{R}，它们分别消耗了 2、1、2、1、1、2 和 1 个额外的自由度，因此需要用 15 个自由度来拟合这个模型。因为可得的自由度总数为 23，那么剩下用于检验这个模型的自由度就为 8。作为一个检查，我们也可以计算不被此模型拟合的边际表格的自由度。{RV}有 1 个自由度，{MEV}有 2 个，{MRV}有 1 个，{ERV}有 2 个，{MERV}有 2 个，加起来正好等于用于检验模型的 8 个自由度。如预料的那样，这两组自由度的总和正好是四变量例子中的23。

表3.2 表2.2数据的一些模型

模型	拟合边际	L^2	df	p
24	{MER}{V}	104.23	11	0.00
25	{MER}{MV}	37.44	10	0.00
26	{MER}{EV}	51.92	9	0.00
27	{MER}{RV}	102.21	10	0.00
28	{MER}{MV}{EV}	10.96	8	0.20
29	{MER}{MV}{RV}	36.74	9	0.00
30	{MER}{EV}{RV}	51.11	8	0.00
31	{MER}{MV}{EV}{RV}	10.66	7	0.15
32	{MER}{MEV}{RV}	7.83	5	0.17
33	{MER}{MRV}{EV}	10.05	6	0.12
34	{MER}{ERV}{MV}	4.76	5	0.45
35	{MER}{MEV}{ERV}	2.07	3	>0.50

第4节 | 更复杂的假设

许多关于成员身份、教育和种族对投票参与影响的假设都可以用诸如表3.2中呈现出的那些模型来检验。在实际研究中，一个数据分析者对研究模型的选择通常受理论和以前经验发现的引导。在缺少明确的关于变量间关系的事先假设时，我们仍然能够设计一个策略性的模型检验以对观测数据配以最优的拟合。有两种方法使用最普遍。一种方法是从饱和模型开始，连续地删除高阶交互项，直至不论分析者采用什么样的概率标准，此模型对数据的拟合优度都不能被接受为止。第二种方法是从最简单的模型开始，比如，只对单变量的边际表格拟合的模型，然后连续增加越来越复杂的交互项，直到获得一个可接受的拟合优度为止，这个拟合优度不会再随着增加新项而得到显著的改进。在理想状态下，两种方法将相交于一个相同的假设模型，此模型会成为从数据中观察到的关系的最佳解释。我们个人偏好第二种方法，因为它以更简洁的模型作为出发点，将更加复杂的关系加入到相对简单的关系中，清晰地展现了我们应用于对数线性模型上的估计方法的分层结构。

因为我们已经将投票参与设定为四变量交互表中的因变量，一个有效的初始模型就是其中没有自变量与因变量有显著相关关系的模型。如果这个模型提供了一个可接受的拟合优度，那么就不需要其他检验了。检验这个假设模型的一般形式是两个拟合边际表格：

{所有自变量}{因变量}

在所举的特定例子中，为{MER}{V}。

对这个模型拟合优度的检验是与替代性模型进行对比，在替代性模型中，因变量可以与所有自变量进行交互。这个替代性模型当然就是饱和模型，或者就是例子中的{MERV}。如果 L^2 上的差异相对于 df 上的差异是显著的，那么我们就总结说一个或更多的自变量(或者它们的交互作用)显著地影响了因变量，因此必须被纳入我们选择的最终模型中。

对于四变量表格而言，相关的比较是在表 3.2 的模型 24 与饱和模型(没有显示出来，因为它没有自由度，$L^2 = 0.0$)之间进行的。因为两个模型间的差异 $\Delta L^2 = 104.23$，而 Δdf 却只有 11，所以我们必须拒绝模型 24，并得出结论认为，投票变量的确与一个或更多自变量有关。

另一组有待检验的每一个模型都加上一个涉及投票参与的单一二变量关系项。用模型 25、模型 26 和模型 27 与模型 24 进行对比来决定成员身份、教育和种族是否对投票参与率有显著影响。与前面一样，统计检验的标准是在评估增加的参数时，增加的 L^2 值相对于损失的自由度而言是否显著(这一例子中是在 $\alpha = 0.05$ 的水平上)。即使这些模型中没有一个能在可接受的水平上拟合四变量表，我们仍然可以决定特定的二变量效应是否必须被包含进随后的模型中。

{MV}和{EV}相对于它们为了拟合新增效应而损失的自由度而言，显著地降低了 L^2 值，虽然模型 25 和模型 26 都不能对数据产生一个令人接受的全面拟合。我们总结认为，在四维交互表中，投票变量显著相关于成员身份和教育变量。然而，在模型 24 中加入{RV}使 L^2 值相对于一个自由度而言减少了 2.02，因而在拟合优度上没有显著的提高。我们得到的结论是，投票参与和种族无关。

对最佳拟合模型的寻找继续在模型 28、模型 29 和模型 30 中进行。它们中的每一个模型都包含了涉及投票变量的三种可能的二变量关系中的两种。这些模型的拟合优度相对于自由度而言，其提高程度取决于它们与先前三个模型的比较，这三个模型只含有二变量边际表。

我们可以预计到，模型 29 和模型 30 都包含{RV}边际表，都不能分别显著地提高模型 25 和模型 26 所获得的拟合优度。显然，我们将不能发现种族对投票的显著影响。然而，当与模型 25 和模型 26 相比较时，模型 28 的 L^2 值相对于自由度有一个明显的下降。因此，即使控制住一个二变量使其保持不变，其他二变量的效应也是显著的。更重要的是，模型 28 对于整个四维表有一个相当不错的全面拟合。实质上，这个模型表明，成员身份和教育都会影响投票，即使不考虑它们间的交互效应也是如此。唯一剩下的问题是，其他更高阶的交互项是否也必须被包括进来？注意，当模型 31 与模型 28 进行对比时，再一次证明种族与投票无关。

给定三个自变量，可以形成三个涉及投票参与的三变量交互项。模型 32、模型 33 和模型 34 都分别包含一个三变量的交互项，再加上没有被包含进交互项里的两变量边际效应

(以确保分层结构能得以维持)。适当的检验是通过比较每个模型相对于模型31在拟合优度上的改善来进行的。虽然所有三个模型都对数据提供了令人接受的拟合,但不论是{MEV},还是{MRV}的交互项,与更简洁的模型31相比,都没有显著地提高拟合优度(就这点而言,它们也没有优于更简单的模型28)。模型34检验了{ERV}的交互作用,但却更存在问题。与模型31相比,$\Delta L^2=5.90$,但$\Delta df=2$。这个差异在0.06的概率层次上显著。

我们很希望能总结说,教育和种族对投票的交互作用是呈现数据中形成的关系所必需的。但如果我们严格地坚持统计标准并尽量避免犯第Ⅰ类错误,我们将拒绝模型34。因为它并不明显比模型31或模型28更好,因此,我们将接受没有交互效应的假设。我们好似遇到了一个灰色地带,在这里,激发研究的基本目标对我们所做结论的影响与严格统计推理对我们结论的影响一样的大。在缺乏用其他样本进行的验证分析以及缺乏任何能激发人兴趣的关于期望特定的三变量产生交互作用的理论论点的情况下,我们自己倾向于选择更简洁的模型28,即{MER}{MV}{EV}。这个模型在不诉诸复杂的三变量交互的条件下,对全部交互表给出了一个令人满意的拟合优度。它也删除了种族—投票效应,这一效应被认为并不重要,但却必须在模型34中将它包括进去,因为它被纳入了{ERV}项的分层关系中。用另一个综合社会调查的数据重复这一分析可能有助于解决此问题。

第 5 节 | 对大样本多元 R^2 的模拟

根据我们的经验，当样本的规模不超过大部分全国性调查时（大约 1500 个样本），用确定模型显著性的 L^2 检验作为确定交互表中重要效应的一个指南是相当有效的。但是，有时候分析者对研究非常大的数据库更感兴趣，如全国人口普查报告。这时，判定最佳拟合模型的问题在于 L^2 与 N 是成比例的。因此，如果潜在样本有成千上万甚至百万，那么，实际上能拟合数据的唯一模型就是饱和模型，甚至当一些高阶交互作用非常小时也是如此。

为了克服大样本的这一问题，分析者将运用对多元回归的决定系数（R^2）模拟的方法进行模型选择。选择一个"基准"模型，它的 L^2 将作为一个比较标准用来判断通过尝试更复杂的替代模型在拟合优度上所取得的改善。这个基准 L^2 显示了数据中不是由已经纳入到模型中的因素所引起的变异大小。当替代模型所解释的基准 L^2 的比例较高（比如 90%或更多）时，那么就可以判断，这个替代模型为数据提供了一个令人满意的拟合优度，尽管严格的统计检验表明替代模型中对期望频数有显著偏离。模拟 R^2 为：

$$\frac{(L^2\text{ 基准模型})-(L^2\text{ 替代模型})}{(L^2\text{ 基准模型})} \quad [3.8]$$

为了显示这个技术的有效性，我们分析来自一份1970年性别(S)和种族(R)组群的职业分布(J)普查报告的数据，如表3.3所示，单元格频数的单位是千人。在选择基准模型时，我们倾向于设定一个只含有一维变量分布的模型，在本例中为{J}{S}{R}。基准 $L^2=30905$，自由度为13。一些二变量替代模型降低了 L^2 值：{JR}{SR}的 $L^2=15431$，{JS}{SR}的 $L^2=9562$，{JS}{JR}的 $L^2=3706$。这三个模型分别解释了基准模型方差的50%、69%和88%。但实际上，这些比例并没有大到可以表明这三个模型中的任何一个可以解释观测频数的全部模式。然而，当二维边际的全部组合被拟合，{JS}{JR}{SR}的 $L^2=1846(df=4)$ 时，解释了基准模型中94%的方差。实际上，这个模型显示了职业分布随着性别和种族的不同而存在差异，但是在种族内部，各种族间的性别差异是相似的，在性别内部，各性别间的种族差异也是相似的。{SR}意味着性别比在各种族间是不同的。这样，被解释的方差比例已经足够大到可以下结论说，这个模型对数据提供了一个可接受的拟合优度，而应用于饱和模型中的交互项只解释了基准模型方差的6%，以至于可以忽略不计(虽然它在统计上是显著的)。

表3.3 职业、性别和种族交互表(千人)

职 业	白人男性	白人女性	黑人男性	黑人女性
专业和管理人员	13195	5268	425	379
办事员和销售员	5865	11587	436	712
手工业者	8985	297	606	25
操作、体力和服务工人	13343	8739	2623	2187
农民和农场工人	2267	378	191	18

资料来源：Curreat Population Reports Series P-23, No. 37, 1971。

第4章

实际问题的应用

对数线性模型的潜在运用几乎是无限的。任何交互表都可以使用前面章节中列出的基本技术进行分析。在这一部分，我们将讨论具有相当普遍吸引力的六种应用。虽然每一个议题都能够运用比呈现的格式所允许的形式更详尽的形式来展现，但希望我们简要的讨论能够为读者提供广阔的可能性，从而使他们自己愿意继续进行探索。

第1节 | 对数线性模型的因果关系模型

在描述对数线性技术如何被调整用以检验类别变量间的因果关系时，我们将假设读者熟悉递归因果模型(指那些不包含变量间“循环”或者相互影响的模型)的公式和路径图的常规表示法。关于这种模型的基础探讨，可以从邓肯(Duncan，1996，1975a)和亚瑟(Asher，1976)的著作中找到。古德曼(Goodman，1973a，1973b，1979)在路径分析和对数线性因果模型间进行区分的努力也取得了一些成功。然而这个类比在如下两方面是有问题的：(1)当涉及多类别变量时，对数线性模型不能够将单一的值赋予因果路径；(2)对变量间非直接路径的效应大小的测量。每当一个推理严谨的假设能够利用变量间的单向因果顺序时，因果推论仍然有足够的吸引力使人们暂时性地运用此方法。

变量间关系的因果模型的关键是递归效应图。在一个如图4.1的因果模型图中，被认为是其他变量原因的变量被放在结果变量的左边。单箭头直线从原因指向结果。被认为没有因果关系的变量用双箭头曲线连接起来，并且只能出现在图的左边。我们的因果模型是被一些假设所驱动的：应答者的年龄(表明他们的世代)和区域地点是他们所受正式教育年限的历史决定因素；教育通过向人们灌输民主价值理念和政治容忍规范，引发人们对公民自由的支持；在教育之外，世代因素和地域文化对公民自由信念也有独立影响。我们对有关公民自由倾向的三个前提原因之间可能会产生交互作用没有做事先的假设，但我们对检验它们存在的分析将保持一个开放的态度。

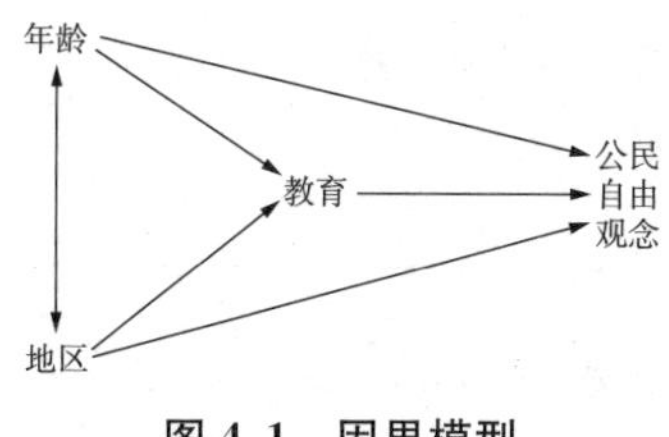

图 4.1　因果模型

对这个因果模型的检验是基于 1977 年综合社会调查的数据。为了便于说明，四个变量都被二分了(Bishop et al.，1975，讨论了处理此类被拆分表格的潜在问题)。年龄被分为 39 岁和 39 岁以下；区域被分为美国南部(包括边境州)和美国其他地区；教育被分为高中教育及以下和大学教育及以上；最后，公民自由观念被简化为是否同意史都华(Stouffer，1955)在关于容忍的经典研究中的一个测试问题。

表 4.1 中对数据的因果分析与一般的 logit 模型(类似于有一个因变量和一些自变量的回归分析)不同。因果模型必须对四个变量间的时间顺序加以考虑，将模型的连续演化与各种“被拆分”的表格相对应，这些表格是用特定的方法从完整表格中建立起来的。我们在一系列独立的阶段中展开分析，每个阶段的结果最终将被合并。

表 4.1 年龄、地域、教育和公民自由交互表

年龄	地域	教育	演讲行为	
			允许	不允许
年轻	南部	非大学	72	71
年轻	南部	大学	55	22
年轻	非南部	非大学	161	92
年轻	非南部	大学	157	25
年长	南部	非大学	65	162
年长	南部	大学	23	23
年长	非南部	非大学	197	214
年长	非南部	大学	107	32

注:年龄二分为 39 岁及以下、40 岁及以上。教育二分为 12 年或更少、13 年或更多。南方是指普查区南方和边境各州的所有州。

从表格的左侧开始,我们首先形成年龄和地域的二维表格并设定一系列对数线性模型,以决定这些"事先被决定的"变量之间是否彼此相关。因为{A}{R}的 $L^2 = 0.03$, $df = 1$,所以我们的结论为,这两个变量是独立的,在图中不应该用双箭头曲线连接。在南部和南部以外的区域中,青年人的发生比大致是一样的。

寻找最佳因果解释的下一步是分析由两个事先被决定的变量和在因果次序中的第一个因变量所形成的三维子表。虽然年龄和地域变量在前一阶段中被发现是独立的,但我们正在估计的 logit 模型要求所有关于原因前提变量的边际表格都要被自动拟合。因此,对年龄—地区—教育子表的因果结构分析必须包含{AB}边际表格。如表 4.2 所示,被检验的模型都涉及教育和两个前提变量之间的关系。年龄—教育和地区—教育两个相关关系都是显著的,并且按要求去拟合

数据，但三维交互项作用并不明显。因此，这一阶段的模型就是{AR}{RE}{AE}，它的 $L^2 = 0.76$，df = 1。

表 4.2　表 4.1 拆分数据形成的年龄、地域和教育三维交互表的拟合模型

拟合边际	L^2	df	p
{AR}{E}	61.00	3	0.00
{AR}{RE}	51.71	2	0.00
{AR}{AE}	10.58	2	0.01
{AR}{RE}{AE}	0.76	1	0.38

最后，分析顺序的第三阶段将公民自由态度作为因变量，在确定解释完整四维表观测频数的最佳 logit 模型的过程中拟合了三维边际效应{ARE}。表 4.3 显示了一系列可能模型的结果。我们再一次看到，在公民自由态度项上的全部三个二变量效应都是有必要的，但是添加三维交互项并不能显著地提高已经由{ARE}{RS}{AS}{ES}提供的极佳的拟合优度。这一模型的 $L^2 = 2.92$，df = 4。

现在我们将以上分析结果汇总，能够最好地呈现表 4.1 中数据的递归因果模型是连续的二维、三维和四维交互表模型的总和。这个模型拟合了边际表格{A}{R}{AR}{RE}{AE}{RS}{AS}{ES}，$L^2 = (0.03+0.76+2.92) = 3.71$，$df = (1+1+4) = 6$。对因果效应进行估计的参数是先前描述的 logit 模型中的 β 系数。这些都以最终因果模型图的形式在图 4.2 中显示出来。因为整个系统是由二分变量组成的，因此，每个局部关系的单个 β 都可以被解释为自变量对因变量发生比（对数形式）的影响。因此，我们可以看到，年纪大的人一般教育水平较低，而那些居住在南部以外的人有更多的机会接受大学教育。持有宽容的公民自由态度的发生比随着接受大学教育和居住在南部以外的地区而提高，但在年纪较大的人中较低。不像量化变量系统中的路径系数，我们不能合理地将通过教育使年龄或地区与态度联系起来的路径相乘的办法来估计间接因果效应的大小。但通过注意这些复合路径的符号，我们可以看到，两个事先被决定变量的间接作用的方向与直接因果路径发生作用的方向一致。我们也可以通过比较直接效应 β 的大小(因为两个都是优比的标准形式)来判断原因变量的相对重要性。教育比其他两个变量对公民自由态度有更大的直接影响。

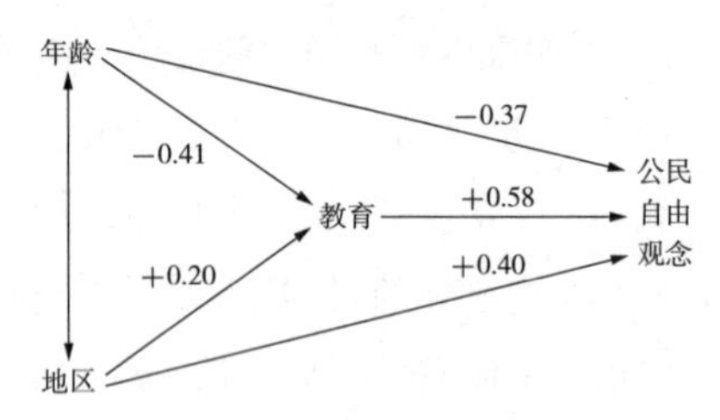

图 4.2 最终因果模型

表 4.3 拟合表 4.1 年龄、地域、教育和公民自由观念四维交互表模型

拟合边际	L^2	df	p
{ARE}{S}	200.48	7	0.00
{ARE}{RS}	149.57	6	0.00
{ARE}{AS}	138.48	6	0.00
{ARE}{ES}	87.75	6	0.00
{ARE}{RS}{AS}	84.72	5	0.00
{ARE}{RS}{ES}	44.74	5	0.00
{ARE}{AS}{ES}	48.69	5	0.00
{ARE}{RS}{AS}{ES}	2.92	4	>0.50

我们对这些变量因果关系的考察表明，没有交互项具有显著性。如果这样的边际表被用来拟合数据，它们在因果模型图中呈现的形式会是如下两种中的一种：(1)代表两个(或

更多)相交互的原因变量符号将被放入一个圆圈中,一个箭头从圆圈指向交互作用影响的因变量;(2)交互作用可以通过从一个自变量上引出一个箭头线,指向连接其他自变量与因变量符号的箭头线中点的方式来描述。如果需要表示许多交互作用,那么使用第一种常规的方法不会使图表看上去那么杂乱。虽然我们强调二分变量的因果分析,但这在理论上并不妨碍将其延伸到多类别变量的分析中。然而,如果有三个或更多的类别,就会产生三个或更多的 β 系数,它们在图表中的呈现会变得很烦琐。这时再将其类比于具有标准回归系数的路径分析就不行了,这或许解释了为什么实际上这种方法只限定于分析二分变量模型。

第2节 | 分析随时间的变化性

随着社会科学的逐渐成熟，个人层次上的时间序列数据的可得性增加了。运用对数线性方法来研究个人社会行为改变的能力还没有充分发挥出来，但是一些基本技术已经建立了。在这一节中，我们将讨论对两种形式的调查数据的应用：(1)比较截面研究。在此研究中，两次或更多次的重复调查被实施，但不需要针对同一群应答者。(2)追踪调查。在这一调查中，同一个个体会在两个或更多时间点上被询问同样的调查项。关于量化测量分析方法的许多研究都可被归纳入离散变量的例子中。

比较截面

当一套相同的调查问题被在两个时点上实施的调查所测量时，一个根本性的问题是："这些变量是否随着时间的推移在相同的程度上发生共变？"运用量化测量，我们通过察看相关性大小、回归或方差—协方差矩阵，或者运用由尤里斯克格(Jöreskog, 1970)发展的方法来尝试性地回答这个问题。当涉及类别测量时，回答这个问题的努力就以比较来自不同调查的发生比或优比的形式和用一个单一对数线性模型来拟合所有数据集合频数的形式表现出来。比较截面分析的独特特征就是明确地引入一个时间变量(T)。在某种程度上，如果T与其中一个实质性变量相关，那么，这个变量的边际分布就随时间的改变而改变；在某种程度上，如果T与两个或更多的实质性变量相互作用，这些变量间的相关性大小就会显著地改变。

我们对比较截面分析的演示使用了综合社会调查中1972年和1976年总统选举时，党派认同与为党派候选人投票间关系的数据。虽然有时候投票被当成主观性党派认同的结果，但在这一问题上，我们把它们视为结果变量。我们主要的兴趣是这对变量在两个时点上共变关系的大小。表4.4显示了政党(P)、总统选举投票(V)和时间(T)的交互表。表中的分布反映了1972年众所周知的民主党对尼克松(Nixon)的背叛，1976年又恢复为各党派支持者压倒性地投票给自己党派的候选人和无党派人士的票数大约各占一半这一更典型的模式。

表4.4 党派认同、总统选举选择和时间交互表

时 间	党派认同	观察值(期望值)总统选举选择	
		民主党	共和党
1972	民主党	290(295.27)	136(130.73)
1972	中 立	98(92.15)	198(203.85)
1972	共和党	13(13.57)	250(249.43)
1976	民主党	380(374.73)	67(72.27)
1976	中 立	123(128.85)	130(124.15)
1976	共和党	29(28.43)	227(227.57)

关于两次选举中政党—投票的相关性是否不同这一问题，可以通过设定一个不考虑三变量交互作用的非饱和模

型，并将结果与完全拟合数据的饱和模型进行比较的方式来检验。模型{TP}{TV}{PV}的 $L^2 = 1.88$，$df = 2$。因此，拟合优度最佳的对数线性模型不需要包含交互效应 TPV，这表明，PV 的关系随着时间推移并没有显著变化，这与表 4.4 的表面现象正好相反。表 4.4 给出了{TP}{TV}{PV}模型的期望频数。TP 和 TV 两个双变量关系都有实质性的解释。它们表明，投票选择和党派认同的边际分布（在其他变量的类别内）在两次测量时间之间发生了变化。

两期追踪调查

当应答者在以后的时间点就相同的问题被再次访问时，这样的调查就是两期追踪调查。在这一节中，我们的讨论将限定在对两个观测时期之间变量所发生变化的分析，虽然我们认识到，一些最有趣的假设是关于两个变量之间的联合变化。关于后一个议题，建议读者参考古德曼（Goodman，1973，1979）和邓肯（Duncan，1980）的文章。我们的分析将集中讨论所谓的“正方形表格”（表中的行和列变量的类别数量相同，如 $K \times K$ 表），它不仅是追踪数据的典型特征，同时也是诸如职业流动和配对应答比较这些实际问题所特有的。

当对相同变量的第一次和第二次测量被制成正方形的 $K \times K$ 交互表时，一个明显要进行的统计检验就是独立性检验。然而，这个检验事实上是缺乏实际意义的，因为我们通常期望大多数人都停留在初始状态（类别的），特别是当观察的间隔时间非常短时。因此，了解到在两个时间点上的测量之间有相关性并不能告诉我们很多关于发生改变的性质。

有三种模型可以用来拟合数据并对随时间发生的变化模式进行更深入的洞察。这些是我们将要讨论的内容。这些模型可以用来检验边际同质性假设、对称性假设和准对称性假设，简写为 H_{MH}、H_S 和 H_{QS}。我们赋予这些假设明确的意义并展现检验这些模型的 L^2 值如何从各种对数线性模型设定中直接或间接地获得。

边际同质性最容易说明。如果一个正方形表格相应行和列的边际分布是相等的，即如果 $f_{i.} = f_{.j}$，那么它就具有边际同质性。但遗憾的是，我们不能为这个模型所对应表格的内部单元格的期望值写一个简单的对数线性模型。相反，我们必须以一种迂回的方式来实现边际同质性，即利用三个假设 H_{MH}、H_S 和 H_{QS}中已经有一个已知关系的事实。在明确这一关系之前，让我们首先来说明对称性和准对称性假设。

只有当类别间的变化模式完全平衡时，才存在对称性。对一个正方形表格而言，如果 $f_{ij} = f_{ji}$ 并且 $i \neq j$（对所有非对角线单元格而言），那么表格就具有对称性模式。沿着对角线"对折"表格，在对应的单元格上将显示完全相同的频数。比如，在流动研究中对父亲的职业和儿子的职业做交互表，如果是对称表，不仅说明相等数量的向上和向下流动，也说明相同模式的向上和向下流动。值得注意的是，对称表一定显示边际同质性，因为行与列如果有相同的单元格项，就必定有相同的总和。但是，具有边际同质性并不表示同时具有对称性，因为相同的总和可以通过许多不同的方式来实现。

对单元格期望频数的最大似然估计 F_{ij}，在正方形表格的对称性假设下很容易通过对两个适当的观测频数取平均值的方法而得到：

$$F_{ij} = F_{ji} = (f_{ij} + f_{ji})/2 \qquad (i \neq j) \qquad [4.1]$$

因为对角线上的单元格在假设中没有涉及，所以自由度就等于对角线单元格数目的一半（对角线上方的单元格项并不独立于对角线下方的单元格项，对角线单元格被忽略了）：$df = k(k-1)/2$。似然比卡方检验统计量的形式为：

$$L^2 = 2\sum_{i \neq j} f_{ij} \operatorname{Ln}(f_{ij}/F_{ij}) \qquad [4.2]$$

这一公式表示的只是非对角线单元格的总和。

以对数线性模型作为对称性假设的替代性（但相同的）表示法的过程如下：首先，将对角线上的单元格排除出考虑范围。把剩下的单元格分为两组，一组为对角线上方的三角矩阵，一组为对角线下方的三角矩阵。沿着上方三角矩阵的边“翻转”，使它变为下方的三角矩阵，并使之与原来下方矩阵对应的行和列的单元格项相吻合。把这两个矩阵放在一起，我们就可以从最初的二维交互表得到一个三维的数组排列。对此，我们以 I 代表第一（行）测量值，J 代表第二（列）测量值，M 代表分区的两部分。接下来，将三维表带入对数线性分析，在这一分析中，每个分割区右上方的缺失项用“结构零值”来表示。也就是说，有待拟合的模型将把 0 置于这些单元格中作为期望值（在实际编辑一个算法程序的过程中，结构零值将被一个“起始值”表所设定，在此表中显示 0 的单元格项将不断地强制迭代算法，使 0 在这些单元格中持续呈现出来）。

最后，为了产生展现对称性的单元格期望频数，用于拟合这个三维数据的边际为{IJ}。要注意的是，任何涉及 M 的项都没有出现，第三个变量是通过将原始的 K×K 表格拆分为两个三角形而生成的。像前面一样，通过比较观测频数和期望频数得到的 L^2 值，应该与 $K(K-1)$ 的自由度相对比而得到评估。

为了说明对对称性的检验，我们考察调查研究中心关于美国1956年至1960年选举追踪调查的研究数据。我们特意查看了在两次选举中都报告了政党认同的202个天主教投票者。以前对这些数据的分析表明，在天主教投票者中有一个从共和党向民主党的明显转移，这大概是由于约翰·肯尼迪(John Kennedy)作为候选人参选(Knoke, 1976)。表4.5的上半部分明显显示出两个边际中的这一变化，无党派人士和共和党类别中的数量在1956年至1960年间下降了。当对称模型被用来拟合六个内部非对角线的单元格时，所得的期望频数在表4.5下半部分显示出来。对于这一假设，$L^2 = 20.99$, $df = 3$。这意味着，我们必须拒绝在各个方向上的转移会相互抵消的假设。

继续分析这个例子，首先，我们检验发生的变化是否主要是在一个方向上(移向民主党或移向共和党)。我们使用类麦克尼曼(McNemar, 1962:52)检验统计值：

$$X^2 = (b-c)^2/(b+c)^2 \qquad [4.3]$$

b是对角线一边观测频数的总和，c是另一边的总和。因为 $X^2 = 15.7$, $df = 1$，所以我们的结论是，净变化主要朝着一个方向发生的显著趋势，对表格的检视表明是朝着民主党的方向。

接下来提出的问题是，对称性修改后的形式是否仍然存在于表格中？即除了表4.5中对角线上部案例数比下部更少这一事实以外，对角线上下的案例分布模式是否相同。如果对角线上部单元格间的优比等于下部的优比，尽管绝对的单元格频数不等，但分布模式仍然被认为是相同的。这个被修改的对称性假设使边际{IJ}{M}能拟合有结构零值的三维数据，因此维持了每个三角形的总频数（在真正的对称性中，情况并非如此），但允许边际分布的自由改变。表 4.6 给出了观测频数和在为了进行三维呈现而被修改的对称性假设下的期望频数。这个模型的 $L^2 = 4.36$，$df = 2$，所以，为了拟合 M 而包括进来的额外参数（如允许主要在一个方向上发生变化）显著地提高了拟合优度，使 L^2 值降低了 16.63。这个模型支持了这样的假设：虽然向每个党派转移的大小不同，但转移模式是相同的。也就是说，虽然改变的方向是不同的，但结果取决于改变的对称性。

表 4.5 SRC 追踪数据中天主教徒的党派认同（1956—1960 年）

1956 年党派认同	1960 年党派认同			合 计
	民主党	中 立	共和党	
观察数据				
民主党	100	4	1	105
中 立	19	30	6	55
共和党	11	9	22	42
合 计	130	43	29	202
对称模型				
民主党	100	11.5	6	117.5
中 立	11.5	30	7.5	49
共和党	6	7.5	22	35.5
合 计	117.5	49	35.5	202

资料来源：Knoke，1976。

正方形表格中的准对称性意味着，在边际分布非同质性的限制约束下尽可能地实现表格中的对称性条件。虽然对对称性检验的实际应用很浅显易懂，但准对称性检验却并非如此。当然，此检验的主要用处是能够（间接地）对边际同质性进行检验。之所以可以用这个检验是因为，对称性模型与准对称性模型之间的唯一区别在于，前者包含了边际同质性的假设而后者却没有。这些模型对数据“拟合优度”的差别完全是边际同质性假设的函数。因此，准对称性检验与对称性检验之间的差别就是对边际同质性的检验。我们已经明白如何对对称性进行检验了，现在，我们转向对准对称性的检验。

表 4.6　表 4.5 数据的三维呈现

1956 年党派认同	转向民主党（对角线以下）			转向共和党（对角线以上）		
	1960 年党派认同			1960 年党派认同		
	民主党	中　立	合　计	共和党	中　立	合　计
观察频数						
中　立	19	—	19	6	—	6
共和党/民主党	11	9	20	1	4	5
合　计	30	9	39	7	4	11
修正对称模型下的期望频数						
中　立	17.94	—	17.94	5.06	—	5.06
共和党/民主党	9.36	11.70	21.06	2.64	3.30	5.94
合　计	27.30	11.70	39.00	7.70	3.30	11.00

为确定一个准对称性的对数线性模型，我们沿着主对角线“翻转”整个 K×K 表，录入这个翻转表格和原始表格，使其成为一个完整的三维度数组排列。那么，使用先前的表示法，以 I 代表第一（行）测量值，J 代表第二（列）测量值，M 代表分区的两部分，获得拟合扩展数据的边际{IJ}{IM}{JM}。

因此,这个程序除了使用的是完整表格而不是两个三角形之外,与对称性检验非常相似。拟合扩展数据的模型也与对称性模型相似,只是增加了允许行与列的总和可以不同的条件(通过纳入{IM}和{JM}项)。

因为第一张表是第二张表的复制,所以两个表中的期望频数也将相互复制,但顺序颠倒了。作为结果,L^2 值和自由度都必须被一分为二以获得正确的值来用于检验。表 4.7 显示了准对称性假设的期望频数,表明已获得了一个极佳的拟合优度,$L^2=0.12$, $df=(K-1)(K-2)/2=1$。因此,我们的结论是,在给定两年的边际不相等的条件下,这个追踪调查数据具有对称性。我们现在到了检验边际同质性假设的时刻。为对称和准对称模型创建期望频数的同时,我们通过减法程序能够得到边际同质性假设的 L^2 值。在对称与准对称模型间的 L^2 值差异为 20.87, df 差异为 2。因此,认为天主教投票者的党派认同的边际分布在 1956 年和 1960 年间存在显著差异是合理的。

表 4.7 在准对称模型下的期望频数

1956 年党派认同	1960 年党派认同			
	民主党	中　立	共和党	合　计
民主党	100.00	3.73	1.28	105
中　立	19.28	30.00	5.72	55
共和党	10.72	9.28	22.00	42
合　计	130	43	29	202

将边际同质性、对称性和准对称一般化到三维数据中是可能的(Bishop et al., 1975:299—309)。其中一个更有趣的实际应用来自豪斯等人(Hauser et al., 1975a, 1974b)的研究,此

研究表明,美国的代际职业流动在实质上是保持不变的,虽然在应答者和他们父亲的职业分布之间有边际改变。他们的方法是用三维对数线性模型来拟合两个或更多的职业流动交互表,在这张表中,父亲—儿子的职业相关性{PS}被假设为不随时间的改变而改变(即 $\tau_{ijk}^{PST} = 1.00$)。五个大型的关于美国人的研究数据证实了这一假设。在对数线性模型应用于流动研究的越来越多的文献中包含了豪斯(Hauser, 1978)、古德曼(Goodman, 1979d)和邓肯(Duncan, 1979)最近的文章。

马尔科夫链模型

一个可应用于三期或多期类别追踪数据的特殊假设是一阶马尔科夫过程检验或马尔科夫链分析。虽然我们仅涵盖了在马尔科夫链中的时间稳定性假设以作为对前一节两期追踪数据向三期或多期情况的自然扩展,然而读者可能发现这部分内容很密集,并且没有马尔科夫链的基础知识(Markus, 1979)。当多期追踪数据被排列成正方形的列联表时,起始状态(在时间 t 时的应答)在行中,结束状态(在时间 t+1 时的应答)在列中。转移矩阵(包含了在时间 t 时,处于任何给定状态中的人在时间 t+1 时将处于某种特定状态的概率)可以通过产生各行内的比例值来估计,即:

$$P_{ij} = f_{ij}/f_{i.}$$

运用从三个时间点上收集的数据,能产生两组转移概率:从时间 1 到时间 2 的转移概率和从时间 2 到时间 3 的转移概率。我们关于数据的第一个问题是,这两组转移概率是否相等？也就是说，它们没有随时间的改变而改变（时间稳定性假设）。如果这个假设有数据支持，那就可以继续研究在经过很长一段时间之后，变量各类别观测值的最终分布将是怎样的。这个问题只有将常数转移矩阵提高到连续更高次方才能回答。因为长期的边际分布独立于一阶稳定同质马尔科夫过程中的初始向量，所以我们认为，不同状态间的人口流动是非历史的：一个人随着时间推移，在不同状态间流动的概率只取决于转移矩阵（是恒定不变的），并且这个人的状态在转移之前就已经立即被设定。它并不取决于更前期的条件。

为了检验马尔科夫链中转移概率的时间稳定性，我们需要对每个个体最少进行三次观测，而且最好是在相等间距的时间间隔上。两个交互表被生成并被堆叠地放进一个单一的三维表中。在这些矩阵中，行内是稍前观测阶段的状态，列内是稍后观测阶段的状态，还有与转移时期相对应的堆叠层次，单元格内是观测频数。对应于转移概率时间稳定性假设（结束状态是起始状态的函数而不是时间的函数）的对数线性模型为：

$$F_{ijk} = \eta\tau_i^F\tau_j^S\tau_k^T\tau_{ij}^{FS}\tau_{ik}^{FT} \qquad [4.4]$$

换句话说，如果稳定性假设正确，那么，模型{FS}{FT}应该为数据提供一个可接受的拟合优度。模型中的{FT}项与对每行的转移概率相加为1.000（它使起始状态间的案例分布与模型无关）的要求具有相同的功能。但是，给定起始状态F、结束状态S不取决于转移时间T，因此，τ_{jk}^{ST}项没有被纳入模型中。

有研究者报告了在1958年所做的一个研究数据，这个研究收集了男性研究对象在以前的20年里经历的地理流动的回溯性报告。表4.8显示了来自这个研究的两个转移矩阵。很明显,在每一个涵盖七年间隔的时期中,大多数人都待在他们原来的地区,虽然在第二次世界大战中有巨大的迁移。但是在第一个矩阵中主对角线上的观测值更小,这暗示了人们的地理流动过程在整个时期中并不是保持不变的。当公式4.4中的模型被用来拟合与表4.8相对应的频数交互表时,$L^2 = 116.45$, $df = 12$。这个对模型的显著偏离说明,随着时间的推移,在转移概率上存在某些不稳定性。当然,当涉及26000多个案例时,要找到任何一个除饱和模型之外令人可以接受的拟合优度是很难的事情。如果评估大样本拟合优度的、看似合理的"基准模型"是一组一维边际{F}{S}{T},其$L^2 = 60174$, $df = 24$,那么稳定性假设就是正确的,能解释两个矩阵中超过99%的方差。出于这个原因,我们倾向于后一种结论。关于类别数据马尔科夫链进一步深入的议题可参见毕夏普等人(Bishop et al., 1975:257—279)的文章。

表4.8 男性地理迁移的两个一阶转移矩阵

起始地区	目的地区				合计($N_i.$)
	东北	北部—中部	南部	西部	
1944—1951年					
东北	0.9645	0.0087	0.0122	0.0145	1.000(3437)
北部—中部	0.0048	0.9575	0.0120	0.0257	1.000(4160)
南部	0.0114	0.0255	0.9494	0.0136	1.000(4110)
西部	0.0082	0.0291	0.0157	0.9475	1.000(1341)
1951—1958年					
东北	0.9803	0.0047	0.0091	0.0059	1.000(3393)
北部—中部	0.0022	0.9750	0.0082	0.0147	1.000(4157)
南部	0.0057	0.0134	0.9701	0.0107	1.000(4015)
西部	0.0013	0.0088	0.0067	0.9831	1.000(1483)

资料来源:Spilerman,1972。

年龄、时期和同期群模型

在社会变迁的研究中，重复截面研究经常被用于对出生在大约相同历史时期的同期人群的态度和行为模式的研究。是否属于同期群中的成员是由进行调查时应答者的年龄决定的。因此，任何因变量中三个可能的方差来源（年龄、时期和同期群）之间并不是相互独立的。

$$同期群 = 时期 - 年龄 \quad [4.5]$$

任何试图使用全部"人口学"特征变量作为自变量来分析因变量的尝试都将导致一个不能被识别的模型，它的效应参数不能被单独地估计出来(Mason et al. , 1973)。以年龄、时期和同期群进行类比的数据形成的类别交互表会产生识别问题，就如量化变量一样(Fienberg & Mason, 1979)。

对三个人口学变量之间线性相关的认识改善了克服识别问题局限性的工作。所有这些工作都是从假设模型具有可加性开始的，比如，所有的年龄效应在不同的时期和同期群间是不变的，所有的同期群效应在不同的年龄组和时期之间是不变的，所有的时期效应在不同的年龄组和同期群之间是不变的。然而，即使拥有这个假设，识别问题仍然存在。最近，费恩伯格和梅森提出了一个关于因变量与年龄、时期和同期群变量间可加关系的 logit 模型，它可以解决识别和估计的技术性问题。因为对他们提出的解决方案的技术性展示将非常复杂，所以在这里不能完整地呈现，但是对这种方法简短和非技术性的勾画表明了对数线性方法千变万化的本质，从而能够把握社会变迁的根本性问题。

表4.9给出了关于某些年龄—时期—同期群数据的一个可能展现(Smith, 1979)，表中强调的是年龄和时期方面的影响。相同对角线上的单元格处于相同同期群中。要注意的是，年轻的(8—11)和年长的(1—4)同期群在某些时期有缺失值，因为其成员在研究所涵盖的时期内或许没有达到15岁或者已经超过了49岁(涵盖的年龄段)。

表4.9 每10万人中犯杀人罪频数的年龄—时代—同期群交互表

年龄组	时代 1952—1956年	1957—1961年	1962—1967年	1968—1971年	1972—1976年	同期群
1. 15—19岁	6.2	7.5	8.6	15.1	17.1	11
2. 20—24岁	11.8	13.6	14.2	22.9	25.5	10
3. 25—29岁	12.4	11.9	13.6	19.3	22.2	9
4. 30—34岁	10.8	10.6	10.9	15.5	16.9	8
5. 35—39岁	9.4	8.8	9.1	12.5	13.4	7
6. 40—44岁	7.7	6.8	7.1	9.6	10.2	6
7. 45—49岁	6.1	5.7	5.5	7.3	7.4	
同期群	1	2	3	4	5	

为了估计像表4.9这样表格的期望频数，从而能够得到三个人口学变量(年龄、时期和同期群)的参数，就必须加上一个识别说明(除了前面讨论的模型中的可加性假设)。也就是说，必须在一个或更多参数上加一个限定约束条件以减少必须获得的独立估计值的数量。含限制性条件的例子，诸如处于某一个年龄类别的效应是某个特定的常数($\tau_1^A = c$)，或者处于一个同期群中的效应等于处于第二个同期群中的效应($\tau_1^C = \tau_2^C$)。像这样一个单一的限制性条件就足够达到

可识别性，因此模型中的所有参数都能被估计出来。对数线性模型{APC}{AD}{PD}{CD}——A为年龄，P为时期，C为同期群，D为因变量——能够通过迭代比例拟合算法来估计所需的单元格期望频数。下面是这一过程的简要描述。

我们从对表4.9的数据建立新的排列组合开始。需要明确的是，我们已经添加了隐含的另一半数据：每10万人中没有犯杀人罪的频数。虽然我们认识到，每个单元格包含10万个案例的假设是不现实的，但这个假设并不影响作为最终研究对象的犯杀人罪的发生比。这个新的排列组合被称为“展开表”，它包含了年龄×时期×犯杀人罪这样一个四维度的排列组合。因为空间有限，我们在表4.10中只呈现了完整表格的一部分，但已经能够看到一般格式。每一个子表就是由年龄和时期代表的一个单一同期群；子表中所有剩下的单元格都是结构零值。对于这些数据，我们添加了一个识别说明，即40岁至44岁的年龄效应等于45岁至49岁的年龄效应。这在展开表中通过将这两个年龄组合并的方式来呈现（例如，将代表40岁至44岁的行与代表45岁至49岁的行相加）。

下一步是估计表4.10中展现的展开表的单元格期望频数，运用对数线性模型{APC}{AH}{PH}{CH}——A为年龄，P为时期，C为同期群，H为因变量，即犯杀人罪。模型对数据拟合的失败是一个指标，表明存在年龄、时期和同期群的非相加效应，例如，年龄效应随着时期或同期群的不同而变化。

表4.9中数据的期望频数通过模型{APC}{AH}{PH}{CH}被估计出来，并在表4.11中被呈现。表4.12为这一模型和其他与之相比较的模型提供了拟合优度数据（基于原始

表 4.10　年龄—时代—同期群和杀人罪四维数组的部分呈现

同期群	年龄	杀人罪									
		有					没有				
		时代					时代				
		1952—1956 年	1957—1961 年	1962—1966 年	1967—1971 年	1972—1976 年	1952—1956 年	1957—1961 年	1962—1966 年	1967—1971 年	1972—1976 年
4	15—19 岁	—	—	—	—	—	—	—	—	—	—
	20—24 岁	—	—	—	—	—	—	—	—	—	—
	25—29 岁	—	—	—	—	—	—	—	—	—	—
	30—34 岁	10.8	—	—	—	—	99989.2	—	—	—	—
	35—39 岁	—	8.8	—	—	—	—	99991.2	—	—	—
	40—49 岁	—	—	7.1	6.3	—	—	—	99992.9	99993.7	—
5	15—19 岁	—	—	—	—	—	—	—	—	—	—
	20—24 岁	—	—	—	—	—	—	—	—	—	—
	25—29 岁	12.4	—	—	—	—	99987.6	—	—	—	—
	30—34 岁	—	10.6	—	—	—	—	99989.4	—	—	—
	35—39 岁	—	—	9.1	—	—	—	—	99990.9	—	—
	40—49 岁	—	—	—	9.6	7.4	—	—	—	99990.4	99992.6

注：—表示结构零值。

表格每个单元格有10万个案例的简化假设)。相对而言,年龄、时期和同期群效应的相加模型(模型8)比模型1(无年龄、时期或同期群效应)减少了大于99%的L^2值,这表明,小于1%的方差是年龄、时期和同期群的非相加效应的结果。同样清楚的是,年龄、时期和同期群各自的效应有广泛的重叠。例如,整个同期群效应自身减少了63%的L^2值,独立于年龄和时期的同期群效应却只占6%。

表 4.11 表 4.9 的年龄—时代—同期群数据的期望频数(在模型{APC}{AH}{PH}{CH}下)

年龄组	时代 1952—1956年	1957—1961年	1962—1966年	1967—1971年	1972—1976年	同期群
1. 15—19岁	6.89	7.40	8.81	14.31	17.10	11
2. 20—24岁	12.04	12.91	14.18	22.58	26.29	10
3. 25—29岁	12.12	12.13	13.30	19.54	22.31	9
4. 30—34岁	10.53	10.62	10.86	15.92	16.78	8
5. 35—39岁	9.11	8.95	9.23	12.63	13.28	7
6. 40—44岁	7.62	7.09	7.12	9.82	9.64	6
7. 45—49岁	6.10	5.78	5.50	7.40	7.31	
同期群	1	2	3	4	5	

表 4.12 拟合年龄、时代、同期群和杀人罪四维交互表的模型

模型	拟合边际	L^2	df
1	{APC}{H}	69.12	29
2	{APC}{AH}	29.42	24
3	{APC}{PH}	44.16	25
4	{APC}{CH}	25.74	20
5	{APC}{AH}{PH}	4.46	20
6	{APC}{AH}{CH}	3.12	15
7	{APC}{PH}{CH}	20.95	16
8	{APC}{AH}{PH}{CH}	0.30	12

为了研究可相加的年龄、时期和同期群效应的性质，可通过如下方法来计算效应参数：使用将杀人罪的期望频数（表4.11）除以不犯杀人罪的期望频数而计算出来的犯杀人罪的期望发生比。这个过程并不直接明了，为了理解它，我们首先将单元格中的发生比（Ω）表示为生成期望频数的效应参数的函数。比如，考虑年龄组6（40—44岁）、时期1（1952—1956年），它们是同期群2的一部分，其期望发生比在公式4.6中被给出：

$$\Omega_{612}=\frac{F_{6121}}{F_{6122}}=\frac{\eta\tau_{612}^{APC}\tau_{61}^{AH}\tau_{11}^{PH}\tau_{21}^{CH}\tau_{6}^{A}\tau_{1}^{P}\tau_{2}^{C}\tau_{1}^{H}}{\eta\tau_{612}^{APC}\tau_{62}^{AH}\tau_{12}^{PH}\tau_{22}^{CH}\tau_{6}^{A}\tau_{1}^{P}\tau_{2}^{C}\tau_{1}^{H}} \qquad [4.6]$$

因为所有与杀人罪（H）无关的τ参数在分子与分母上是相同的，所以可以被删除。那些与犯杀人罪有关的分子上的τ参数是那些分母上的τ参数的倒数，因此，整个发生比公式缩减为四个乘积项，这些乘积项与犯杀人罪的年龄效应、时期效应、同期群效应有关，同时与犯杀人罪的边际分布也有关：

$$\Omega_{612}=(\tau_{61}^{AH})^2(\tau_{11}^{PH})^2(\tau_{21}^{CH})^2(\tau_{1}^{H})^2 \qquad [4.7]$$

如果我们现在要为年龄组7、时期2、同期群2创建相同的发生比，我们就会得到$\Omega_{722}=(\tau_{71}^{AH})^2(\tau_{21}^{PH})^2(\tau_{21}^{CH})^2(\tau_{1}^{H})^2$。最后，建立这两个发生比的比率（即单元格6、1、2的期望发生比与单元格7、2、2的期望发生比的比率），我们得到如下公式：

$$\frac{\Omega_{612}}{\Omega_{722}}=\frac{(\tau_{61}^{AH})^2(\tau_{11}^{PH})^2(\tau_{21}^{CH})^2(\tau_{1}^{H})^2}{(\tau_{71}^{AH})^2(\tau_{21}^{PH})^2(\tau_{21}^{CH})^2(\tau_{1}^{H})^2} \qquad [4.8]$$

公式4.8分子上的两项与分母上的两项是相同的，可以消去。由于识别限制为年龄组6的效应等于年龄组7的效应，这个比率可以进一步简化为时期1的效应与时期2的效应比率的平方。其他期望发生比的比率为时期 2 的效应相对于时期 3 的效应，时期 3 的效应相对于时期 4 的效应等以产生类似的比率。最后，因为对于所有时期效应乘积的限制条件必须具有统一性，因此，我们能计算出每个效应参数的大小。以类似的方法，使用从表 4.11 中得出的期望发生比的比率和先前计算的时期效应，现在我们就能计算出年龄和同期群的效应参数。因为表格中有许多单元格可以用来计算诸如年龄组 4 相对于年龄组 5 的比率，所以人们就可能想知道，到底应该使用哪个单元格。答案其实是，它们中的任何一个都可以，因为它们产生的结果是相同的（Feinberg & Mason, 1979:14—15）。

表 4.13 给出了关于年龄、时期、同期群的可加模型的效应参数。简言之，我们能够看到时期效应随时间的推移而降低，这与表 4.9 中的第一印象正好相反。年龄效应开始时较小，在 30 岁至 34 岁这个年龄组类别中达到顶峰，然后又减小。另一方面，同期群效应开始时非常小，然后在后继的同期群中就一直单调递增，直到最后。

表 4.13 模型{APC}{AH}{PH}{CH}的 Tau 参数

年龄		时代		同期群	
τ_{11}^{AH}	0.701	τ_{11}^{PH}	1.232	τ_{11}^{CH}	0.547
τ_{21}^{AH}	1.028	τ_{21}^{PH}	1.073	τ_{21}^{CH}	0.612
τ_{31}^{AH}	1.105	τ_{31}^{PH}	0.945	τ_{31}^{CH}	0.677
τ_{41}^{AH}	1.109	τ_{41}^{PH}	0.964	τ_{41}^{CH}	0.771
τ_{51}^{AH}	1.094	τ_{51}^{PH}	0.831	τ_{51}^{CH}	0.888
$\tau^{AH\,61}$	1.034			τ_{61}^{CH}	1.019
τ_{71}^{AH}	1.034			τ_{71}^{CH}	1.163
				τ_{81}^{CH}	1.300
				τ_{91}^{CH}	1.501
				τ_{101}^{CH}	1.690
				τ_{111}^{CH}	1.651

第5章

对数线性模型的特殊技术

有时，关于社会资讯数据的交互表会产生奇怪的表格，如果这些表格不经过特别的调整，就不适合用对数线性分析。在本章中，我们着重考虑一些可能产生的更一般性的问题。

第1节｜处理零单元格

如果在一个或多个单元格中都出现0，可能就存在一个问题，因为如果发生比、优比和logit的分母为0，就无法被定义。在两种情况下，观测频数会出现零值。抽样零值出现在有限样本中，特别是当有许多变量建立交互表时，一些类别的可能性太小(例如，南方的犹太花生农)。零值并不意味着这样的案例在总体中并不存在，而是因为案例没能进入样本。对数线性模型的一个优点就在于，虽然样本中的经验实例不存在，但这些模型可以为总体频数提供经验估计。尽管观测频数f_{ij}为0，但拟合模型仍能够生成非零的期望频数F_{ij}。不过，如果一个表中有"太多"的抽样零值，仍然可能产生问题，即被模型拟合的边际表会包含零值的单元格。在这种情况下，有两个基本替代方案可供选择：(1)在表中每个单元格中加一个很小的值，包括那些非零频数的单元格。经常被建议加的值为0.5(Goodman，1970：229)，这是一个保守做法，会低估效应参数和它们的显著性。(2)武断地定义0除以0等于0(Fienberg，1977：109)。在第二个替代性方案中，如果有待模型拟合的边际表中的任何一个单元格记录为0，那么，所有导致这个0的其他单元格记录在迭代过程中都必须保持为0。有一个不太可行但可能的第三种替代方案就是，增加足够多的样本量来消除所有的零值单元格。第二种产生零值的情况是在逻辑的或设定的零值单元格中产生观测零值。即使全部的总体都可获得,但某些类别就是没有经验的指涉对象。逻辑零值可能产生于抽样设计(遗漏特定层次)、事件顺序序列(比如,在一个年龄和家庭地位的交互表中,年龄在 25 岁以下的祖父的单元格将是空的)或者是明显的概念矛盾(比如,女性不可能做前列腺切除手术)。

对数线性模型解决逻辑零值的办法是将这些单元格界定为"结构零值"(例如,问题结构的结果),并且不去估计这些单元格的期望频数。在前面关于两期追踪调查的部分,我们看到如何通过将结构零值单元格设定为迭代程序的起始值以运用对数线性模型来拟合不完全表格。相同的过程在检验具有一个或更多结构零值表格的准独立性假设时被遵循。准独立性是考虑只有部分表格含有非零单元格时,变量间独立性和无相关性的一种形式。例如,在一个二维表中,准独立性模型在一组没有被指定为逻辑零值的单元格中拟合对数线性公式:

$$F_{ij} = \eta \tau_i^R \tau_j^C \qquad [5.1]$$

似然比卡方值通过与修正过的自由度相比较而被检验。如果表格有 I 行、J 列和 Z 个结构零值单元格,则它的自由度为 (I－1)(J－1)－Z。

表 5.1 用性别与外科手术的交互表数据来说明准独立性模型。某些种类的手术在逻辑上对某一性别的人而言是不可能发生的。表中的第二大列显示了在这些逻辑零值被忽略时独立模型的期望频数,而第三大列显示了当逻辑单元

格被限定为零固定值时的期望频数。

标准的独立性模型将空单元格当做抽样零值，估计女性的前列腺手术数和男性的妇科手术数这些不合常理的数值。我们发现拟合优度很差：$L^2 = 622.52$，$df = 13$。当准独立模型被拟合时，不仅两个逻辑零值单元格被限制，而且剩余单元格的期望值更近似于观测值，虽然这个模型仍然不能够充分地代表数据（$L^2 = 93.57$，$df = 11$）。很明显，撇开逻辑上不可能的过程不谈，手术操作也是根据性别有区别地实施的。

表5.1 性别和外科手术交互表(万人)

外科手术	观察值		独立 H_O		准独立 H_O	
	男性	女性	男性	女性	男性	女性
神经外科	18	20	16.2	21.8	19.9	18.1
眼科	33	44	32.7	44.3	40.3	36.7
耳鼻喉科	175	89	112.3	151.8	138.3	125.7
心血管	59	38	41.2	55.8	50.8	46.2
胸腔	16	12	11.9	16.1	14.7	13.3
腹部	139	142	119.5	161.5	147.2	133.8
泌尿科	86	45	55.7	75.3	68.6	62.4
前列腺切除术	27	—	11.5	15.5	27.0	—
乳房	2	36	16.2	21.8	19.9	18.1
妇科	—	383	162.9	220.2	—	383.0
整形外科	135	129	112.3	151.8	138.3	125.7
整形	55	53	45.9	62.1	56.6	51.4
口腔—牙科	26	30	23.8	32.2	29.3	26.7
活组织切片检查	39	74	48.1	65.0	59.2	53.8
合计	810	1095	810	1095	810	1095

资料来源：Ranofsky，1978。

第2节 | 设定起始值

在不完全表格中处理结构零值频数的程序涉及在合适的单元格中将迭代比例拟和算法的起始值设定为0。在其他情况下,我们可能希望将某些单元格限定在观测频数上,然后估计在剩余单元格上的各种对数线性模型。此外,这些模型需要在开始迭代拟合之前,将ECTA起始表中的某些值设定为先验值。一个恰当的例子是对于代际职业流动的分析,比如,表5.2显示的布劳和邓肯(Blau & Duncan, 1967)经典研究中所获得的数据。从第二个子表可以清楚地看到,关于行与列之间独立性的一般模型并不能很好地拟合数据。五个主要对角线单元格大体上都被低估了,这反映出有很多人仍然停留在开始时的职业大类上(这个模型的 $L^2 = 830.98$, $df = 16$)。

由古德曼(Goodman, 1965)首先提出的一个替代模型是准完全流动模型。在这个模型中,主对角线上的单元格被设定为它们的观测值,而对角线以外的单元格就如同在准独立性模型中那样被估计。在程序上,主对角线值被记录并被当做结构零值;边际表格{P}{S}被拟合;因为主对角线值已经被设定,所以自由度减少5。然后,主对角线值又被重新置于表格中。准完全流动模型如在表5.2的第三个子表中所显示的那样,显著地提高了拟合优度。现在的 L^2 值为255.14,

以仅仅5个自由度的代价减少了575.84。

表5.2　美国白人男性代际职业流动(万人)

父亲的职业	儿子的职业				
	专业人员和管理人员	办事员和销售员	手工业者	操作员和体力劳动者	农民
观测频数					
专业人员和管理人员	152	65	33	39	4
办事员和销售员	201	159	72	80	8
手工业者	138	125	184	172	7
操作员和体力劳动者	143	161	209	378	17
农民	98	146	207	371	226
期望频数、标准独立模型					
专业人员和管理人员	63.4	56.9	61.0	90.0	22.7
办事员和销售员	112.1	100.6	108.0	159.3	40.1
手工业者	134.9	121.1	130.0	191.7	48.3
操作员和体力劳动者	195.7	175.7	188.5	278.1	70.1
农民	225.9	202.8	217.6	320.9	80.9
期望频数、准完全流动模型					
专业人员和管理人员	152	38.1	41.9	58.7	3.3
办事员和销售员	99.9	159	105.4	147.5	8.2
手工业者	125.7	120.4	184	185.5	10.4
操作员和体力劳动者	171.3	164.1	180.6	378	14.1
农民	183.1	175.4	193.1	270.3	226
期望频数、修正的准完全模型					
专业人员和管理人员	152	66.0	33.8	39.6	2.6
办事员和销售员	201.0	159	71.2	83.3	5.4
手工业者	122.9	140.1	184	168.0	11.0
操作员和体力劳动者	124.7	142.1	246.3	378	17.0
农民	131.5	149.8	259.7	371.0	226

资料来源：Blau & Duncan，1967:496。

可以通过把非对角线上的20个单元格分为两组，每组10个的方式来进一步实现拟合优度的提高，对应于男子相对于其父亲职业的向上和向下流动。每一个三角形子表都可以通过前面章节用过的方法对其准独立性进行检验。例如，在检验向下流动的半张表中，我们假设沿着主对角线和表中较低三角形部分的单元格都为结构零值。期望频数在表5.2的第四个子表中显示出来。向上流动子集产生的 $L^2 = 28.97$，$df = 3$，而向下流动子集的 $L^2 = 3.63$，$df = 3$，合计后的 $L^2 = 32.60$，$df = 6$。这表明，虽然模型与数据仍然有显著的差异，但相对于开始时的标准独立模型而言，已经有了一个明显的改善，即使有很大的样本量也是如此(3396万)。

第3节 | 分析定序数据

到目前为止，我们考虑的所有模型对变量类别的次序都不做假设。针对拟合优度的 L^2 验证对变量类别具有的次序不敏感，在行与列进行置换时，它仍然保持不变。如果研究者对检验表中的一个变量在事实上是否有次序性特征感兴趣，对数线性模型就可以被调整以提供这样的检验。西蒙(Simon, 1974)给出了迭代程序如何估计列内变量类别被赋予分值(比如，1、2、3、4 代表变量的四个类别)的一个二维表的单元格期望频数。费恩伯格(Fienberg, 1975:52—58)也讨论了这个程序，并讨论了它如何被一般化到 3 个或更多维度且包括二次或更高次的元素以及多于一个变量具有次序特征的表格中。

在我们的演示说明中，我们沿用了邓肯(Duncan, 1979)描述的一种技术，这种技术将三维表中的三分因变量分级。表 5.3 给出了 1972 年综合社会调查关于年龄、宗教和教会参与交互表的观测频数以及设定好的模型{AR}{AC}{RC}($L^2=7.25$, df $=2$)的发生比和优比。如果在表 5.3 底部的关于期望优比的 3×4 表被用来作为拟合模型{AR}{C}的一组起始值，那么，它将准确地再产生出由模型{AR}{AC}{RC}得出的期望频数。然而，其在自由度上不会有所增加，因为我们必须从与第一个模型相关联的6个自由度中减去4个,用于计算期望优比(虽然显示了六个优比,但有两个是多余的)。将期望优比作为设定模型{AR}{C}的起始值将再产生出由模型{AR}{AC}{RC}得出的期望频数的原因在于,迭代比例拟合算法不会改变起始值中已经给定的优比,除非那些起始值涉及有待拟合的边际。通过对纳入分析(AC)和(RC)关系所需优比的起始值的使用,然后通过拟合不会改变内置(AC)和(RC)关系的模型{AR}{C},我们最终得到了与{AR}{AC}{CR}等价的模型。

表5.3 年龄、宗教和教会参与交互表

宗教	年龄	教会参与			发生比		
		低	中等	高	中等:低		高:低
观测频数							
非天主教徒	年轻	322	124	141	0.39		0.44
非天主教徒	年老	250	152	194	0.61		0.78
天主教徒	年轻	88	45	106	0.51		1.20
天主教徒	年老	28	24	119	0.86		4.25
期望频数							
非天主教徒	年轻	329.05	127.90	130.05	0.39		0.40
非天主教徒	年老	242.95	148.10	204.95	0.61		0.84
天主教徒	年轻	80.95	41.10	116.95	0.51		1.44
天主教徒	年老	35.05	27.90	108.05	0.80		3.08
		期望优比			观测优比		
非天主教徒	年轻	1	1	1	1	1	1
非天主教徒	年老	1	1.56	2.10	1	1.56	1.77
天主教徒	年轻	1	1.31	3.60	1	1.31	2.73
天主教徒	年老	1	2.05	7.70	1	2.21	9.66

然而，我们可以通过另一种方式来使用这个程序。这些关系并不是要试图再提供上面所提到的常规的、不受限定的(AC)(RC)关系，它们被限定为一种特殊的形式(线性、二次方、对数上的线性等)，这种限定是通过对反映这种特殊形式的发生比起始值的适当选择而实现的。

比如，假设我们以如下的形式设计一组起始值而不是四个独立的优比：

$$\begin{array}{ccc} 1 & 1 & 1 \\ 1 & c & c^2 \\ 1 & y & y^2 \\ 1 & cy & c^2y^2 \end{array}$$

现在，其中只有两个参数要被估计，并且中等程度：低程度和高程度：低程度的教会出席与年龄和宗教的发生比将被限定为对数上的线性形式。获得 c 和 y 的数值是一个将不同的值代入起始表直到一对 c 和 y 的 L^2 达到最小值的冗长和繁琐的试错过程(Duncan, 1979，显示了对于一个二维表而言，西蒙的技术如何能被用于确定研究开始时的 c 和 y 值的上下限)。

对于表 4.11 中的数据，我们发现，如下优比的起始值产生了最低的 $L^2 = 14.62$, $df = 4$：

$$\begin{array}{ccc} 1 & 1 & 1 \\ 1 & 1.47 & 2.16 \\ 1 & 1.94 & 3.76 \\ 1 & 2.85 & 8.13 \end{array}$$

其中，$c = 1.47$，$y = 1.94$。这些线性限定性模型中的期望优比能够与表 5.3 中的观测值相比较。一个明显的一贯性高估存在于除了两个案例之外的所有案例中。图 5.1 给出了关于线性限定性模型的观测优比和拟合优比之间差异的一种思路。这些比率是基于在教会参与各个类别中的自变量计算出来的。由起始值拟合的线性限定性要求两条线是平行的。邓肯(1979)说明了如何放宽这个要求,使线性条件能够得到保持的同时又允许两条线相交(例如,不同的斜率)。

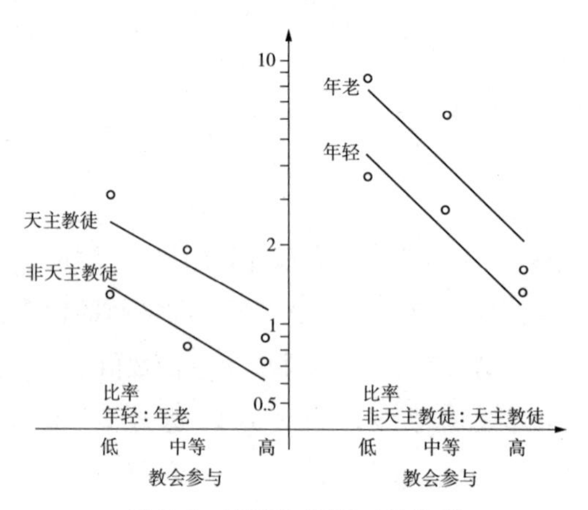

图 5.1 观察与期望对数比率

第4节 合并多类别变量

交互表的分析者经常在分析前拆并多类别变量的类别，以简化解释或避免上面提到的抽样零值的问题。然而在大多数情况下，这样的拆并是基于一个特定的基础的，将相互接近的类别或者只有很少边际频数的类别合并到一起。邓肯(Duncan，1975)提出了一种检验交互表中多类别变量可拆并性的方法，我们用表5.4的三维数据将它演示出来。如果一个妇女太贫穷而无力抚养更多的孩子，那么，她是否应该被允许进行合法堕胎？我们将对这一问题持支持或反对的态度作为因变量。支持和反对的应答发生比在四个宗教团体中的某些团体之间有显著的差异，尽管在六年时间里，应答发生比几乎没有什么变化。用各种不同的三维logit模型来拟合数据证实了这一直观的感觉，拟合边际{RY}{RA}

表5.4 按宗教和时间划分的堕胎态度交互表

宗 教	1972年的态度		1978年的态度		支持的发生比	
	支持	反对	支持	反对	1972年	1978年
新 教	460	498	424	501	0.92	0.85
天主教	147	240	151	225	0.61	0.67
犹太教	41	10	23	6	4.10	3.83
其 他	65	17	88	30	3.82	2.93

能充分地代表数据（$L^2 = 1.89$, $df = 4$）。与此相反，堕胎态度不依赖于任何自变量的 logit 模型{RY}{A}，拟合数据非常差（$L^2 = 130.16$, $df = 6$）。

我们接下来要问的问题是，四类别的宗教变量能否被拆并成三个或更少的类别，以产生一个能够为数据提供简约解释的、介于上面两个模型之间的模型。为了进行检验，宗教变量被四个二分变量替代——新教(P)、天主教(C)、犹太教(J)和其他(O)。效应编码显示在表 5.5 中。因此，这个程序与回归分析中对虚拟变量的使用相类似。对于那些非逻辑的二分变量的组合(如，应答者拥有多个的宗教类别)，就在起始表中设定为结构零值。与上面提到的两个 logit 模型相

表 5.5 表 5.4 拆并宗教的效应编码和期望频数

二分宗教变量				1972 年的态度		1978 年的态度	
新教	天主教	犹太教	其他	支持	反对	支持	反对
1	1	1	1	—	—	—	—
1	1	1	0	—	—	—	—
1	1	0	1	—	—	—	—
1	1	0	0	—	—	—	—
1	0	1	1	—	—	—	—
1	0	1	0	—	—	—	—
1	0	0	1	—	—	—	—
1	0	0	0	449.75	508.25	434.26	490.74
0	1	1	1	—	—	—	—
0	1	1	0	—	—	—	—
0	1	0	1	—	—	—	—
0	1	0	0	151.15	235.85	146.85	229.15
0	0	1	1	—	—	—	—
0	0	1	0	39.52	11.48	22.47	6.53
0	0	0	1	63.55	18.45	91.45	26.55
0	0	0	0	—	—	—	—

对应的模型分别为{YPCJO}{A}和{YPCJO}{PCJOA}。但现在,我们能够对各种中介模型进行检验,在这些模型中,一些宗教变量而不是其他变量被允许影响对堕胎的态度。分析的结果显示在表5.6中。每一个中介模型(表中的2—11)都显示了拆并宗教变量各种类别的结果。例如,模型{YPCJO}{CA}只有天主教徒或非天主教徒对堕胎态度的影响。其他的宗教类别都被隐含地合并到一起,没有独立的影响。在最佳拟合模型11中,天主教徒或非天主教徒以及新教徒或非新教徒都有单独的影响。犹太教的各个类别和其他宗教都没有单独的影响,并被隐含地合并或拆分。最终的结果是一个宗教三分法。在这个模型下的期望频数也显示在表5.5中。两个年份里回答支持的发生比是相同的:新教为0.89,天主教为0.64,犹太教和其他宗教为3.44。

表5.6 表5.5宗教拆分性的对数线性模型

模型	拟合边际	L^2	df	p
1	{YPCJO}{A}	130.16	6	0.00
2	{YPCJO}{PA}	128.57	5	0.00
3	{YPCJO}{CA}	98.21	5	0.00
4	{YPCJO}{JA}	94.03	5	0.00
5	{YPCJO}{OA}	56.49	5	0.00
6	{YPCJO}{PA}{JA}	94.03	4	0.00
7	{YPCJO}{JA}{CA}	68.04	4	0.00
8	{YPCJO}{OA}{PA}	52.72	4	0.00
9	{YPCJO}{OA}{CA}	37.47	4	0.00
10	{YPCJO}{OA}{JA}	15.65	4	0.00
11	{YPCJO}{CA}{PA}	2.30	4	>0.50
12	{YPCJO}{PCJOA}	1.89	3	>0.50

第5节 | 非分层模型

我们已经多次表明，我们将限定于只考虑分层模型，并且我们相信，这个限定在大多数应用中都是有意义的，其中的原因我们将在下文中指出。事实就是，当古德曼第一次呈现他在对数线性模型上的研究时，就包含了这个限定于分层模型的限制，很多人对此的反应是感觉限制太大，他们想研究非分层模型(可能只是因为他们相信他们无法研究)。实际上，限定于分层模型并不是对数线性模型的特征，而是对数线性模型中用于估计期望频数的迭代比例拟合算法的特征。其他算法——例如，被纳入博克和亚特斯(Yates)的程序 MULTIQUAL 或哈勃曼的程序 FREQ 中的牛顿—拉夫逊算法——就没有这样的限定。

为什么限定于分层模型在大多数应用中是有意义的?为了寻求答案，让我们再次思考一下，当我们第一次介绍分层模型概念时讨论过的四变量交互表：投票参与(V)、教育(E)、种族(R)和自愿性社团成员身份(M)。让我们暂时忽略教育，考虑模型{VMR}。如果这个模型拟合了数据，它将表明，成员身份对投票参与的影响随着种族而变化。完整的分层模型将是：

$$F_{ijk} = \eta\tau_i^V\tau_j^M\tau_k^R\tau_{ij}^{VM}\tau_{ik}^{VR}\tau_{jk}^{MR}\tau_{ijk}^{VMR}$$

现在，让我们考虑一下对这个模型的非分层替代模型，如下所示：

$$F_{ijk} = \eta\tau_i^V\tau_j^M\tau_k^R\tau_{ij}^{VM}\tau_{jk}^{MR}\tau_{ijk}^{VMR}$$

在这个非分层的替代性模型中，我们省去了投票×种族这一项。事实上，这个模型并没有遗漏这一项，而是假设这个效应不存在(即 τ 的参数值为1.00)。因为一个涉及所有项的交互效应被呈现在了模型中，然而还因为我们对此效应先前的解释表明了，成员身份—投票参与之间的关系随种族而变化并不是唯一的解释，所以我们要仔细考察我们的非分层模型说明了什么。首先，思考这个三维效应的另一种有效的解释：种族和投票参与之间的关系随着自愿性社团成员身份而变化。在我们的非分层模型中，我们假设在种族和投票参与之间没有关系，如果情况的确如此，并且存在显著的三维效应，那么结果就一定是，那些没有成员身份的人中的种族—投票关系与那些有一个或更多自愿性团体成员身份的人中的种族—投票关系在大小上相等，但在方向上正好相反，将这两个局部关系相加，正好可以相互抵消。这是不是一个合理的事先假设？在大多数情况下，答案显然是否定的。正是出于这个原因，非分层模型在大部分情况下是没有意义的。

然而在某些情况下，非分层模型又是有意义的，为了说明，我们简要地考察一个非分层模型。针对这个例子，我们重新思考在说明比较截面分析时的数据。之前，我们考察党派(P)和总统选举投票(V)的关系是否随着时间推移(T，在 1972 年至 1976 年间)而变化，我们的结论是没有变化，因为模型{TP}{TV}{PV}很好地拟合了数据。这个分层模型可以完整地写成：

$$F_{ijk} = \eta\tau_i^T\tau_j^P\tau_k^V\tau_{ij}^{TP}\tau_{ik}^{TV}\tau_{jk}^{PV}$$

因为这个分析利用了两个(几乎)相同规模的截面样本，所以我们可以做一个先验的假设，认为 τ^T 的值是一致的，即没有影响。结合这个假设，估计下面的非层次模型：

$$F_{ijk} = \eta\tau_j^P\tau_k^V\tau_{ij}^{TP}\tau_{ik}^{TV}\tau_{jk}^{PV}$$

表 5.7 给出了这一分析结果与前面的分析结果的比较。可以看出，效应参数和 L^2 值的变化不大。自由度增加了 1，因为被估计的参数减少了一个。

表 5.7 模型{TP}{TV}{PV}的分层与非分层版本的 Tau 参数

参数	模型	
	分 层	非分层
τ_1^T	0.99	(1.00)
τ_1^P	1.54	1.52
τ_2^P	1.12	1.12
τ_1^V	0.76	0.76
τ_{11}^{TP}	1.11	1.09
τ_{12}^{TP}	1.05	1.05
τ_{11}^{TV}	0.81	0.81
τ_{11}^{PV}	2.44	2.44
τ_{21}^{PV}	1.08	1.09
L^2	1.88	2.09
d.f.	2	3
p	0.39	0.55

结 论

本书对运用于列联表分析的对数线性模型的介绍，只是对其潜在的适应性和应用性进行了一些浮光掠影地描述。这些方法在社会科学中的地位正逐年得到巩固。

对交互表进行系统定量分析的两个竞争性技术已经脱颖而出，我们有必要在结论部分做一个简短的评述。戴维斯(Davis, 1975)提出了线性流程图系统和相应的公式(d 系统)。d 系统分析与一般最小二乘法回归密切相关，它被明确设计为用于类别变量小系统的因果建模。前因变量对因变量的效应是依据比例上的变化(因此，d 表示差异)而不是发生比上的变化被显现出来的。戴维斯认为，他的方法以并行的方式处理交互作用，且在通过中介变量描述因果透射时，比对数线性模型更具优势。

第二种技术在政治科学家中获得的流行度比在社会学家中的大，这就是葛瑞泽等人(Grizzle et al., 1969)提出的最小 logit 卡方法。在这种方法中，有待解释的因变量是一个特定应答(结果)的概率。主效应和交互作用是通过对一个设计矩阵的操作处理而在模型中被设定的，这个设计矩阵是由根据效应进行编码的虚拟变量所组成的。这个过程使研究者能够建构和估计非层次模型。虽然这个 G-S-K 方法与对数线性模型相比，其优势在于，大多数使用者在对类别变量的概率解释上有更大的熟悉度，但在处理零值（空）单元格时看似存在更多问题。

对数据分析技术的选择最终应该基于对研究问题的实质性构想，而不是基于主观认为单一的方法可以用于所有可能的情况。如果本书现有的说明解释能够帮助读者更好地掌握某种特定的方法，我们的目标就达到了。

参考文献

Asher，H. B. (1976) *Causal Modeling*. Beverly Hills，CA：Sage.

Bishop，Y. M.，and S. E. FIENBERG(1969) "Incomplete two-dimensional contingency tables." *Biometrika 22*：119—128.

——and P. W. Holland(1975) *Discrete Multivariate Analysis：Theory and Practice*. Cambridge：MIT Press.

Bock，R. D.，and G. Yates(1973) "MULTIQUAL，log linear analysis of nominal and ordinal qualitative data by the method of maximum likelihood：A FORTRAN program." Chicago：National Educational Resources.

Blau，P. M.，and O. D. Duncan(1967) *The American Occupational Structure*. New York：John Wiley.

Davis，J. A. (1976) "Analysis contingency tables with linear flow graphs：D systems，" in D. R. Heise(ed.)，*Sociological Methodology 1976*. San Francisco：Jossey-Bass.

——(1974) "Hierarchical models for significance tests in multivariate contingency tables：an exegesis of Goodman's recent papers，" in H. L. Costner (ed.)，*Sociological Methodology 1973—1974*. San Francisco：Jossey-Bass.

Duncan，O. D. (1980) "Testing key hypotheses in panel analysis，" in K. F. Schuessler (ed.)，*Sociological Methodology 1981*. San Francisco：Jossey-Bass.

——(1979) "How destination depends on origin in the occupational mobility table." *American Journal of Sociology 84*：793—803.

——(1975a) *Introduction to Structural Equation Models*. New York：Academic Press.

——(1975b) "Partitioning polytomous variables in multiway contingency analysis." *Social Science Research 4*：167—182.

——(1996) "Path analysis：sociological examples." *American Journal of Sociology 72*：1—16.

——and J. A. McRae，Jr. (1978) "Multiway contingency analysis with a scaled response or factor，" in K. F. Schuessler (ed.)，*Sociological Methodology 1980*. San Francisco：Jossey-Bass.

Fienberg，S. E. (1977). *The Analysis of Cross-Classified Data*. Cambridge: MIT Press.

——and W. M. Mason(1978) "Identification and estimation of age-period-cohort models in the analysis of discrete archival data," in K. F. Schuessler (ed.), *Sociological Methodology 1980*. San Francisco: Jossey-Bass.

Goodman, L. A. (1979a) "A brief guide to the causal analysis of data from surveys." *American Journal of Sociology 84*:1078—1095.

——(1979b) "Multiplicative models for square contingency tables with ordered categories." *Biometrica 66*:413—418.

——(1979c) "Simple model for the analysis of association in cross-classifications having ordered categories." *Journal of the American Statistical Association 74*:537—552.

——(1979d) "Multiplicative models for the analysis of occupational mobility tables and other kinds of cross-classification tables." *American Journal of Sociology 84*:804—819.

——(1973a) "The analysis of multidimensional contingency tables when some variables are posterior to others: a modified path analysis approach." *Biometrika 60*:178—192.

——(1972a) "A modified multiple regression approach to the analysis of dichotomous variables." *American Sociological Review 37*:28—46.

——(1972b) "A general model for the analysis of surveys." *American Journal of Sociology 77*:1035—1086.

——(1970) "The multivariate analysis of qualitative data: interactions among multiple classifications." *Journal of the American Statistical Association 65*:226—256.

——(1965) "On the statistical analysis of mobility tables." *American Journal of Sociology 70*:564—585.

Grizzle, J. E., C. F. Starmer, and G. G. Koch(1969) "Analysis of categorical data by linear models." *Biometrics 25*:489—504.

Haberman, S. J. (1979) *Analysis of Qualitative Data* (Vol. 2). New York: Academic Press.

——(1978) *Analysis of Qualitative Data* (Vol. 1). New York: Academic Press.

Hauser, R. M. (1978) "A structural model of the mobility table." *Social Forces 56*:919—953.

——J. N. Koffel, H. P. Travis, and P. J. Dickinson (1975a) "Temporal change in occupational mobility: Evidence for men in the United

States." *American Sociological Review 40*:585—598.

Jöreskog, K. G. (1970) "A general method for analysis of covariance structures." *Biometrika 57*:239—251.

Konke, D. (1976) *Change and Continuity in American Politics: The Social Bases of Politics*. Baltimore: Johns Hopkins University Press.

——and R. Thomson(1977) "Voluntary association membership trends and the family life cycle." *Social Forces 56*:48—65.

Kritzer, H. M. (1978) "An introduction to multivariate contingency table analysis." *American Journal of Political Science 22*:187—226.

Markus, G. B. (1979) *Analyzing Panel Data*. Beverly Hills, CA: Sage.

Mason, K. O., W. M. Mason, H. H. Winsborough, and W. K. Poole(1973) "Some methodological issues in cohort analysis of archival data." *American Sociological Review 38*:242—258.

McNemar, Q. (1962) *Psychological Statistics*. New York: John Wiley.

Olsen, M. (1972) "Social participation and voting turnout: a multivariate analysis." *American Sociological Review 37*:317—333.

Ranofsky, A. L. (1978) *Utilization of Short-Stay Hospitals: Annual Summary of the United State, 1976* (Vital and Health Statistics Series 13 No. 37). Hyattsville, MD: National Center for Health Statistics.

Reynolds, H. T. (1977) *Analysis of Nominal Data*. Beverly Hills, CA: Sage.

Simon, G. (1974) "Alternative analyses for the singly-order contingency table." *Journal of the American Statistical Association 69*:971—976.

Smith, M. D. (1979) "Increases in youth violence: age, period or cohort effect." Presented at the meetings of the American Sociology Association, Boston.

Spilerman, S. (1972) "The analysis of mobility processes by the introduction of independent variable to a Markov chain." *American Sociology Review 37*:277—294.

Stephan, F., and P. McCarthy(1958) *Sampling Opinion*. New York: John Wiley.

Thomson, R., and D. Knoke(1980) "Voluntary associations and voting turnout of American ethnoreligious group." *Ethnicity*(forthcoming).

Verba, S., and N. H. Nie(1972) *Participation in America: Political Democracy and Social Equality*. New York: Harper & Row.

译名对照表

additive coefficient	叠加系数
categoric panel data	类别追踪数据
categoric variable	类别变量
chi-square test for independence	卡方独立性检验
comparative cross-section study	比较截面研究
conditional odds	条件发生比
crossproduct ratio	交叉相乘比
Deming-Stephan algorithm	戴明—斯蒂芬算法
effect parameters	效应参数
expected frequency	期望频数
expected odds	期望发生比
first-order stationary homogeneous Markov process	一阶稳定同质马尔科夫过程
fitted marginals	拟合边际
fitted-marginal notation	拟合边际表达法
independence hypothesis	独立性假设
inverse relationship	逆相关
Iterative Proportional Fitting Algorithm	迭代比例拟合算法
log-linear model	对数线性模型
marginal category	边际类别
marginal odds	边际发生比
marginal row totals	边际行总数
Markov chain models	马尔科夫链模型
maximum likelihood estimate(MLE)	最大似然估计
McNemar-like test statistic	类麦克尼曼检验统计值
minimum logit chi-square method	最小 logit 卡方法
multiple R^2	多元 R^2
Newton-Raphson algorithm	牛顿—拉夫逊算法
nonhierarchical models	非分层模型
nonsaturated model	非饱和模型

odds	发生比
odds ratio	优比
odds table	发生比表
ordered data	定序数据
panel survey	追踪调查
polytomous variable	多类别变量
quasi-perfect mobility model	准完全流动模型
ratio of odds ratios	优比比率
recursive casual models	递归因果模型
response variables	响应变量
saturated model	饱和模型
structural zeros	结构零值
table of "starting value"	"起始值"表
the general log-linear model	一般对数线性模型
transition matrix	转移矩阵
transition probability	转移概率
two-wave panels	两期追踪调查
Yule's Q	尤尔 Q 系数
zero cell	零单元格

图书在版编目(CIP)数据

对数线性模型/(美)戴维·诺克,(美)彼得·J.伯克著;盛智明译.—上海:格致出版社:上海人民出版社,2021.8
(格致方法.定量研究系列)
ISBN 978-7-5432-3263-1

Ⅰ.①对… Ⅱ.①戴… ②彼… ③盛… Ⅲ.①对数-线性模型 Ⅳ.①0122.6 ②0212

中国版本图书馆CIP数据核字(2021)第136041号

责任编辑 顾 悦

格致方法·定量研究系列
对数线性模型
[美]戴维·诺克 彼得·J.伯克 著
盛智明 译

出 版 格致出版社
上海人民出版社
(200001 上海福建中路193号)
发 行 上海人民出版社发行中心
印 刷 浙江临安曙光印务有限公司
开 本 920×1168 1/32
印 张 3.75
字 数 73,000
版 次 2021年8月第1版
印 次 2021年8月第1次印刷
ISBN 978-7-5432-3263-1/C·255
定 价 35.00元

Log-Linear Models
by David Knoke, Peter J. Burke
English language edition published by SAGE Publications Inc., A SAGE Publications Company of Thousand Oaks, London, New Delhi, Singapore and Washington D. C., © 1980 by SAGE Publications, Inc.
All rights reserved. No part of this book may be reproduced or utilized in any form or by any means, electronic or mechanical, including photocopying, recording, or by any information storage and retrieval system, without permission in writing from the publisher.
This simplified Chinese edition for the People's Republic of China is published by arrangement with SAGE Publications, Inc. © SAGE Publications, Inc. & TRUTH & WISDOM PRESS 2021.

本书版权归 SAGE Publications 所有。由 SAGE Publications 授权翻译出版。
上海市版权局著作权合同登记号:图字 09-2009-549

格致方法·定量研究系列

1. 社会统计的数学基础
2. 理解回归假设
3. 虚拟变量回归
4. 多元回归中的交互作用
5. 回归诊断简介
6. 现代稳健回归方法
7. 固定效应回归模型
8. 用面板数据做因果分析
9. 多层次模型
10. 分位数回归模型
11. 空间回归模型
12. 删截、选择性样本及截断数据的回归模型
13. 应用 logistic 回归分析（第二版）
14. logit 与 probit：次序模型和多类别模型
15. 定序因变量的 logistic 回归模型
16. 对数线性模型
17. 流动表分析
18. 关联模型
19. 中介作用分析
20. 因子分析：统计方法与应用问题
21. 非递归因果模型
22. 评估不平等
23. 分析复杂调查数据（第二版）
24. 分析重复调查数据
25. 世代分析（第二版）
26. 纵贯研究（第二版）
27. 多元时间序列模型
28. 潜变量增长曲线模型
29. 缺失数据
30. 社会网络分析（第二版）
31. 广义线性模型导论
32. 基于行动者的模型
33. 基于布尔代数的比较法导论
34. 微分方程：一种建模方法
35. 模糊集合理论在社会科学中的应用
36. 图解代数：用系统方法进行数学建模
37. 项目功能差异（第二版）
38. Logistic 回归入门
39. 解释概率模型：Logit、Probit 以及其他广义线性模型
40. 抽样调查方法简介
41. 计算机辅助访问
42. 协方差结构模型：LISREL 导论
43. 非参数回归：平滑散点图
44. 广义线性模型：一种统一的方法
45. Logistic 回归中的交互效应
46. 应用回归导论
47. 档案数据处理：生活经历研究
48. 创新扩散模型
49. 数据分析概论
50. 最大似然估计法：逻辑与实践
51. 指数随机图模型导论
52. 对数线性模型的关联图和多重图
53. 非递归模型：内生性、互反关系与反馈环路
54. 潜类别尺度分析
55. 合并时间序列分析
56. 自助法：一种统计推断的非参数估计法
57. 评分加总量表构建导论
58. 分析制图与地理数据库
59. 应用人口学概论：数据来源与估计技术
60. 多元广义线性模型
61. 时间序列分析：回归技术（第二版）
62. 事件史和生存分析（第二版）
63. 样条回归模型
64. 定序题项回答理论：莫坎量表分析
65. LISREL 方法：多元回归中的交互作用
66. 蒙特卡罗模拟
67. 潜类别分析
68. 内容分析法导论（第二版）
69. 贝叶斯统计推断
70. 因素调查实验